Eurocode 3 设计指南：房屋建筑钢结构设计

EN 1993-1-1、-1-3和-1-8

(第2版)

[英]L.加德纳
[英]D.A.内瑟科特

欧洲结构设计标准译审委员会 **组织翻译**
王敬烨 黄 羿 **译**
狄 谨 **审**

人民交通出版社股份有限公司
北 京

Translation from the English language original, by arrangement with Thomas Telford Ltd.

图书在版编目(CIP)数据

Eurocode 3 设计指南:房屋建筑钢结构设计 EN 1993-1-1、-1-3 和-1-8:第 2 版 /(英)L. 加德纳, D. A. 内瑟科特著;王敬烨,黄羿译. — 北京:人民交通出版社股份有限公司, 2019.11

ISBN 978-7-114-16213-8

Ⅰ. ①E… Ⅱ. ①L… ②D… ③王… ④黄… Ⅲ. ①建筑结构—结构设计—建筑规范—欧洲 Ⅳ. ①TU318

中国版本图书馆 CIP 数据核字(2019)第 296655 号

著作权合同登记号:图字 01-2019-7661

Eurocode 3 Sheji Zhinan:Fangwu Jianzhu Gang Jiegou Sheji EN 1993-1-1、-1-3 he -1-8(Di 2 Ban)

书　　名:Eurocode 3 设计指南:房屋建筑钢结构设计　EN 1993-1-1、-1-3 和-1-8(第 2 版)
著 作 者:[英]L. 加德纳　[英]D. A. 内瑟科特
译　　者:王敬烨　黄　羿
责任编辑:李　晴　卢俊丽
责任校对:刘　芹
责任印制:刘高彤
出版发行:人民交通出版社股份有限公司
地　　址:(100011)北京市朝阳区安定门外外馆斜街 3 号
网　　址:http://www.ccpress.com.cn
销售电话:(010)59757973
总 经 销:人民交通出版社股份有限公司发行部
经　　销:各地新华书店
印　　刷:三河市国新印装有限公司
开　　本:880×1230　1/16
印　　张:10.5
字　　数:280 千
版　　次:2019 年 11 月　第 1 版
印　　次:2019 年 11 月　第 1 次印刷
书　　号:ISBN 978-7-114-16213-8
定　　价:190.00 元
(有印刷、装订质量问题的图书,由本公司负责调换)

出 版 说 明

包括本指南在内的欧洲结构设计标准(Eurocodes)及其英国附件、法国附件和配套设计指南的中文版,是2018年国家出版基金项目“欧洲结构设计标准翻译与比较研究出版工程(一期)”的成果。

在对欧洲结构设计标准及其相关文本组织翻译出版过程中,考虑到指南的特殊性、用户基础和应用程度,我们在力求翻译准确性的基础上,还遵循了一致性和有限性原则。在此,特就有关事项作如下说明:

1. 本指南中文版根据托马斯·特尔福德有限公司(Thoms Telford Ltd.)提供的英文版进行翻译,仅供参考之用,如有异议,请以原版为准。

2. 中文版的排版规则原则上遵照外文原版。

3. Eurocode(s)是个组合再造词。本指南范围内,Eurocodes特指一系列共10部欧洲标准(EN 1990 ~ EN 1999),旨在为房屋建筑和构筑物及建筑产品的设计提供通用方法;Eurocode与某一数字连用时,特指EN 1990 ~ EN 1999中的某一部,例如,Eurocode 8指EN 1998结构抗震设计。经专家组研究,确定Eurocode(s)宜翻译为“欧洲结构设计标准”,但为了表意明确并兼顾专业技术人员用语习惯,在正文翻译中保留Eurocode(s)不译。

4. 书中所有的插图、表格、公式的编排以及与正文的对应关系等与外文原版保持一致。

5. 书中所有的条款序号、括号、函数符号、单位等用法,如无明显错误,与外文原版保持一致。

6. 在不影响阅读的情况下书中涉及的插图均使用英文原版插图,仅对图中文字进行必要的翻译和处理;对部分影响使用的英文原版插图进行重绘。

7. 书中涉及的人名、地名、组织机构名称以及参考文献等均保留外文原文。

特别致谢

本设计指南的译审由以下单位和人员完成。中国铁建国际集团有限公司的王敬烨、中冶建筑研究总院有限公司的黄羿承担了主译工作,重庆大学的狄谨承担了主审工作。他(她)们分别为本指南的翻译工作付出了大量精力。在此谨向上述单位和人员表示感谢!

欧洲结构设计标准译审委员会

欧洲结构设计标准译审委员会总体组

组　　长：余顺新(中交第二公路勘察设计研究院有限公司)
成　　员：(按姓氏笔画排序)
王敬烨(中国铁建国际集团有限公司)
车　轶(大连理工大学)
卢树盛[长江岩土工程总公司(武汉)]
吕大刚(哈尔滨工业大学)
任青阳(重庆交通大学)
刘　宁(中交第一公路勘察设计研究院有限公司)
宋　婕(中国建筑标准设计研究院)
李　顺(天津水泥工业设计研究院有限公司)
李亚东(西南交通大学)
李志明(中冶建筑研究总院有限公司)
李雪峰[上海市城市建设设计研究总院(集团)有限公司]
张　寒(中国建筑科学研究院有限公司)
张春华(中交第二公路勘察设计研究院有限公司)
狄　谨(重庆大学)
胡大琳(长安大学)
姚海冬(中国路桥工程有限责任公司)
徐晓明(航天建筑设计研究院有限公司)
郭　伟(中国建筑标准设计研究院)
郭余庆(中国天辰工程有限公司)
黄　侨(东南大学)
谢亚宁(中设设计集团股份有限公司)
秘　　书：李　喆(人民交通出版社股份有限公司)
卢俊丽(人民交通出版社股份有限公司)

Eurocode 设计指南系列

Eurocode 设计指南:结构设计基础 EN 1990 (第 2 版). H. 古尔班尼西亚,J. -A. 卡尔加罗, M. 霍利基. 彭君义,郭骞,译. ISBN 978-7-114-16202-2. 2020 年 4 月出版.

Eurocode 1 设计指南:桥梁上的作用 EN 1991-2,EN 1991-1-1、-1-3 至 -1-7 和 EN 1990 附录 A2. J. -A. 卡尔加罗, M. 楚米,H. 古尔班尼西亚. 任青阳,刘浪,译. ISBN 978-7-114-16210-7. 2020 年 4 月出版.

EN 1991-1-4 设计指南 Eurocode 1:结构上的作用 第 1-4 部分:一般作用——风荷载. N. 库克. 管青海,都浩,译. ISBN 978-7-114-16203-9. 2020 年 4 月出版.

EN 1992-1-1 和 EN 1992-1-2 设计指南 Eurocode 2:混凝土结构设计 一般规定、房屋建筑规定和结构防火设计. A. W. 毕比,R. S. 纳拉亚南. 李元松,孙莉,刘波,译. ISBN 978-7-114-16211-4. 2020 年 4 月出版.

EN 1992-2 设计指南 Eurocode 2:混凝土结构设计 第 2 部分:混凝土桥梁. C. R. 亨迪, D. A. 史密斯. 徐腾飞,胡志坚,冀伟,勾红叶,译. ISBN 978-7-114-16212-1. 2020 年 4 月出版.

Eurocode 3 设计指南:房屋建筑钢结构设计 EN 1993-1-1,-1-3 和 -1-8(第 2 版). L. 加德纳, D. A. 内瑟科特. 王敬烨,黄羿,译. ISBN 978-7-114-16213-8. 2020 年 4 月出版.

EN 1993-2 设计指南 Eurocode 3:钢结构设计 第 2 部分:钢结构桥梁. C. R. 亨迪, C. J. 墨菲. 常江,贺君,蒋埌茏,译. ISBN 978-7-114-16204-6. 2020 年 4 月出版.

Eurocode 4 设计指南:钢与混凝土组合结构设计 EN 1994-1-1(第 2 版). 罗杰 · P. 约翰逊. 赵灿晖,占玉林,译. ISBN 978-7-114-16205-3. 2020 年 4 月出版.

EN 1994-2 设计指南 Eurocode 4:钢与混凝土组合结构设计 第 2 部分:一般规定和桥梁规定. C. R. 亨迪,罗杰 · P. 约翰逊. 狄谨,秦凤江,徐骁青,译. ISBN 978-7-114-16206-0. 2020 年 4 月出版.

Eurocode 5 设计指南:房屋建筑木结构设计 EN 1995-1-1. 杰克 · 波蒂厄斯,彼得 · 罗斯. 杨会峰,凌志彬,译. ISBN 978-7-114-16214-5. 2020 年 4 月出版.

EN 1997-1 设计指南 Eurocode 7:岩土工程设计 第 1 部分:一般规定. R. 费兰克, C. 鲍德温,R. 德里斯科尔, M. 卡瓦达斯, N. 克富布斯 · 奥维森, T. 奥尔, B. 舒伯纳. 张寒,等,译. ISBN 978-7-114-16215-2. 2020 年 4 月出版.

Eurocode 8 设计指南:桥梁抗震设计 EN 1998-2. 巴兹尔 · 科里亚斯,麦克 · N. 法迪斯,阿兰 · 派克. 卫璞,王巍, 徐良晋,译. ISBN 978-7-114-16217-6. 2020 年 4 月出版.

EN 1998-1 和 EN 1998-5 设计指南 Eurocode 8:结构抗震设计:一般规定、地震作用、房屋建筑规定、基础和支挡结构. 麦克 · 法迪斯, E. 卡瓦略, A. 尔纳斯海, E. 费西奥利, P. 平托, A. 普鲁米尔. 沈文爱,译. ISBN 978-7-114-16216-9. 2020 年 4 月出版.

前言

现在英国已正式采用了 Eurocodes,应当及时地根据其技术内容修订以前的系列设计指南。对于钢结构设计,《Eurocode 3:钢结构设计　第 1-1 部分:一般规定和房屋建筑规定》(EN 1993-1-1)及其国家附件是主文件。当然还包括其他几个补充部分,每个部分都涉及钢结构设计的某一特定方面。

一般规定

本书集中讨论了 EN 1993 第 1-1 部分的主要规定,但也涉及第 1-3 部分(冷弯薄壁结构),第 1-5 部分(板结构)和第 1-8 部分(节点)的某些方面。本书通过应用标准的具体实例来呈现和讨论比较重要的技术条款。此外与 BS 5950 中的相似条款进行了比较,并通过一系列例题来说明规范的应用。当涉及荷载及荷载组合时,需要配套使用 EN 1990 和 EN 1991。

本书主要内容

本书大部分内容与常见的设计情形有关,对各种情况下截面、构件、框架的设计都有详细的介绍。第 1 章至第 11 章按照标准的顺序排列(即章节编号和公式编号与 EN 1993-1-1 的编号一致),正是由于这个原因,章节的篇幅变化很大。本指南侧重于第 1-1 部分的极限状态设计法。第 12 章至第 14 章的章节编号与标准并不一致,相关编排会在章节开始时说明。

本书中对于 EN 1993-1-1 的章节、条款、子条款、段落、附录、图、表格和公式的交叉引用均用***黑斜体***字表示,相对的,其他来源的引用,包括其他 Eurocodes 以及本指南相关章节的交叉引用均用*斜体*字表示。使用 EN 1993-1-1 中的公式时会保留其编号,其他公式编号前会加 D 来表示本指南中的公式,例如第 5 章中的式(D5.1)。

Eurocode 的文本格式特别禁止在各标准间的条文重复。EN 1993-1-1 的基本规定并不能涵盖全部的结构设计(例如,第 1-1 部分不包括第 1-8 部分中的节点设计)。因此,在实践中,设计人员需要同时参考不同的标准。正是由于这个原因,本书不仅涉及第 1-1 部分。读者还会看到英国国家附件中的相关内容。国家附件对许多条款的使用给出了具体的限制和指导。对于超出基本条款规定但需要在英国使用的规定,本指南也会涉及。适当地还会提及非矛盾性补充信息(NCCI)的相关规定。

致谢

在准备本书时,作者从参与 Eurocode 编制的诸多专家以及团队的讨论和建议中获益匪浅。对于其间的每一个人,我们都表示感谢。特别感谢英国钢结构协会(SCI)的 Charles King,他为本书的许多技术问题提出了宝贵的建议。

L. 加德纳

D. A. 内瑟科特

目录

引言

本章介绍《Eurocode 3:钢结构设计　第1-1部分:一般规定和房屋建筑规定》(EN 1993-1-1)的前言部分。主要包括以下几个方面:

- Eurocode计划的编制背景;
- Eurocodes的地位和应用领域;
- 执行Eurocodes的国家标准;
- Eurocodes和产品统一技术规则(ENs和ETAs)之间的联系;
- EN 1993-1的补充规定;
- EN 1993-1-1的国家附件。

Eurocode计划的编制背景

Eurocodes编制工作开始于1975年。钢结构标准,是以伦敦帝国理工学院的Patrick Dowling为主席的委员会,在欧洲钢结构建设协会(ECCS)1978年的《欧洲钢结构设计建议》的基础上开始编制的。除了汇聚了很多欧洲专家这一明显优势外,这份文件的起草意味着已经存在一些通用的设计方法,例如欧洲的柱子曲线。但是进展仍相当缓慢,直到20世纪80年代中期才正式发布题为ENVs的规范草案。Eurocodes从一开始到最后都未更改文件的组成。它包括10个主要文件:EN 1990,涵盖结构设计基础;EN 1991,涵盖结构上的作用;以及8个涵盖每种结构材料(混凝土、钢材、砌体等)的文件。整套Eurocodes如下:

EN 1990 Eurocode:结构设计基础

EN 1991 Eurocode 1:结构上的作用

EN 1992 Eurocode 2:混凝土结构设计

EN 1993 Eurocode 3:钢结构设计

EN 1994 Eurocode 4:钢与混凝土组合结构设计

EN 1995 Eurocode 5:木结构设计

EN 1996 Eurocode 6:砌体结构设计

EN 1997 Eurocode 7:岩土工程设计

EN 1998 Eurocode 8:结构抗震设计

EN 1999 Eurocode 9:铝结构设计

Eurocodes的地位和应用领域

通常,Eurocodes提供的结构设计规定可用于结构整体、结构部件及其他产品。这些规定适用于常见的建筑形式,对于非常用结构形式则建议咨询专家意见。具体来说,Eurocodes 作为欧盟成员国认可的参考文献,主要有以下目的:

- 作为符合理事会 89/106/EEC 号指令基本要求的证明手段;
- 作为确定建筑工程或相关工程合同的依据;
- 作为制定建筑产品统一技术规则的框架性指导文件。

执行 Eurocodes 的国家标准

Eurocodes 作为国家标准时,应包括 CEN 出版的 Eurocode(含全部附录)全部文本,其文前可加上国家版书名页和国家前言,另可配套国家附件。

国家附件可只包含 Eurocodes 中留待各国自行选择的参数信息,即"国家定义参数",这些条文会在本章列出。

Eurocodes 和产品统一技术规则(ENs 和 ETAs)之间的联系

Eurocodes 强调建筑产品统一技术规则与技术规则的一致性。特别是需要明确说明那些需要国家定义参数(NDPs)的相关产品。

EN 1993-1 的补充规定

与采用其他结构材料的 Eurocodes 一样,Eurocode 3 与 EN 1990 和 EN 1991 配套使用来进行钢结构设计。EN 1990 和 EN 1991 涵盖了设计基本要求和荷载(作用)及作用组合。本指南的第 14 章介绍了 EN 1990 和 EN 1991 的规定。本指南的第 1 章,列出了 EN 1993-1 的 11 个部分,每一部分介绍了不同钢结构组件、极限状态或材料。EN 1993-1 适用于设计人员、施工人员、用户、委员会起草的与设计相关的产品、试验和施工标准,也可供相关政府部门使用。本指南主要是对于该标准的解释和应用指导。

EN 1993-1-1 的国家附件

EN 1993-1-1 的以下条款,允许各国自行做出选择。

英国国家附件条款	EN 1993-1-1 条款	备　注
NA.2.2	2.3.1(1)	特殊区域、特殊气候或偶然状况下的作用
NA.2.3	3.1(2)	材料特性
NA.2.4	3.2.1(1)	材料特性,表 3.1 或产品标准的使用
NA.2.5	3.2.2(1)	延性要求
NA.2.6	3.2.3(1)	断裂韧性
NA.2.7	3.2.3(3)B	房屋建筑的断裂韧性
NA.2.8	3.2.4(1)B	厚度方向性能
NA.2.9	5.2.1(3)	各种分析类型的 α_{cr} 限值
NA.2.10	5.2.2(8)	适用范围
NA.2.11	5.3.2(3)	相关初始局部弓形缺陷值 e_0/L
NA.2.12	5.3.2(11)	适用范围
NA.2.13	5.3.4(3)	系数 k 的数值

续上表

英国国家附件条款	EN 1993-1-1 条款	备　注
NA. 2. 14	6. 1(1)B	房屋建筑分项系数 γ_{Mi} 的数值
NA. 2. 15	6. 1(1)	分项系数 γ_{Mi} 的其他推荐值
NA. 2. 16	6. 3. 2. 2(2)	侧向扭转屈曲缺陷系数 α_T
NA. 2. 17	6. 3. 2. 3(1)	$\bar{\lambda}_{LT,0}$ 和 β 的数值以及该方法的几何限制
NA. 2. 18	6. 3. 2. 3(2)	参数 f 的值
NA. 2. 19	6. 3. 2. 4(1)B	长细比限值 $\bar{\lambda}_{c0}$ 的值
NA. 2. 20	6. 3. 2. 4(2)B	修正系数 k_{fl} 的值
NA. 2. 21	6. 3. 3(5)	压弯作用下备选方法 1 和 2 的选择
NA. 2. 22	6. 3. 4(1)	一般方法的应用限制
NA. 2. 23	7. 2. 1(1)B	竖向挠度限值
NA. 2. 24	7. 2. 2(1)B	水平变位限值
NA. 2. 25	7. 2. 3(1)B	楼层振动限值
NA. 2. 26	BB. 1. 3(3)B	屈曲长度 L_{cr}

本章参考文献

ECCS (1978) *European Recommendations for Steel Construction*. European Convention for Constructional Steelwork, Brussels.

第 1 章　总则

本章主要讨论 EN 1993-1-1 的一般规定,涵盖该标准的*第 1 章*。涉及以下条款:

- ■ 适用范围　*条款 1.1*
- ■ 规范性引用文件　*条款 1.2*
- ■ 假定　*条款 1.3*
- ■ 原则性规定与应用性规定之间的区别　*条款 1.4*
- ■ 术语与定义　*条款 1.5*
- ■ 符号　*条款 1.6*
- ■ 构件轴线的规定　*条款 1.7*

1.1　适用范围

Eurocodes 最后完成时,即由所谓的 ENVs 转为 ENs 时,每一份最终文件被分成了几个部分,其中一些被进一步分解。因此,现在 Eurocode 3 包括 6 个部分:

EN 1993-1　一般规定和房屋建筑规定

EN 1993-2　钢结构桥梁

EN 1993-3　塔架、桅杆和烟囱

EN 1993-4　筒仓、储罐和管道

EN 1993-5　桩基工程

EN 1993-6　吊车支撑工程

第 1 部分包含 12 个子部分:

EN 1993-1-1　一般规定和房屋建筑规定

EN 1993-1-2　结构防火设计

EN 1993-1-3　冷成型构件和薄钢板的补充规定

EN 1993-1-4　不锈钢的补充规定

EN 1993-1-5　板结构

EN 1993-1-6　壳体结构的强度和稳定性

EN 1993-1-7　承受面外荷载的板式结构

EN 1993-1-8　节点设计

EN 1993-1-9　抗疲劳设计

EN 1993-1-10　材料韧性和厚度方向性能

EN 1993-1-11　受拉构件的设计

EN 1993-1-12　适用于 S700 及以下等级钢材的 EN 1993 扩展部分补充规定

Eurocode 3 的第 1-1 部分是本书的重点,由于整套标准间彼此不会有重复的内容,读者还需要查阅其他部分。例如第 1-8 部分是关于螺栓和焊接的规定,第 1-10 部分是关于选材的规定。因此英国的设计人员会首先使用 SCI 指南和由土木工程师协会出版的手册来进行简化但相对严格的设计。当有进一步需要时再查看 Eurocode 原文。荷载组合时要使用 EN 1990,而确定荷载时需要使用 EN 1991,这使得应用 Eurocodes 设计一个即使最为简单的钢结构也要同时使用好几本规范。

需要说明的是,EN 1993-1-1 主要用于厚度大于 3mm 的热轧截面。厚度小于 3mm 的冷成型截面由 EN 1993-1-3 规定,见本指南的第 13 章。不过冷成型矩形和圆形空心截面包含在第 1-1 部分中。

EN 1993-1-1 中标有符号 B 的条款为建筑结构设计的补充条款。

1.2　规范性引用文件

在与设计有关的一系列参考文件中,最重要的几个是:

EN 10025(分为 6 部分)　热轧钢产品

EN 10210　热加工结构空心型材

EN 10219　冷成型结构空心型材

EN 1090　钢结构施工(制造和安装)

EN ISO 12944　涂装系统防腐

1.3　假定

EN 1990 中的基本假定与所设计、施工和维护的工作性能相关。需要强调的是,设计人员需要有适当的资质,施工人员需要有适当的技能,材料和维护也应满足适当的要求。Eurocode 3 规定所有加工和安装均要符合 EN 1090 的规定。

1.4　原则性规定与应用性规定之间的区别

EN 1990 明确了原则性规定与应用性规定之间的区别,条款编号含有符号“P”的条款代表原则性规定,未含有的为应用性规定。实质上,原则性规定是不可替代的规定,而应用性规定是一般常用方法,并符合原则性规定的要求。EN 1993-1-1 未采用该表示。

1.5　术语与定义

EN 1990 的条款 1.5 包含欧洲结构设计标准(EN 1990 至 EN 1999)通用的术语与定义。EN 1993-1-1 专用的术语与定义也在其***条款 1.5*** 中列出。两部分的内容都需查看,因为 Eurocodes 采用了一些可能不为英国工程师所熟知的术语。

条款 1.5

1.6　符号

EN 1993-1-1 的***条款1.6***列出了所采用的主要符号。其余符号在标准中首次出现时予以定义。虽然英国设计人员对于其中的许多符号（特别是带下标的符号）不熟悉，但 Eurocodes 中定义的符号具有良好的统一性，这使得不同标准间的过渡更为顺畅。 ***条款1.6***

1.7　构件轴线的规定

Eurocode 3 中有关构件轴线的定义与 BS 5950 不同（BS 5950 中 *x-x* 和 *y-y* 分别表示构件截面的强轴和弱轴）。在 Eurocode 3 中构件坐标轴定义如下：

■ *x-x* 沿着构件的轴线；

■ *y-y* 截面轴线；

■ *z-z* 截面轴线。

通常，*y-y* 轴是强主轴（平行于翼缘），*z-z* 轴是弱主轴（垂直于翼缘）。对于角钢，*y-y* 轴是平行于短边的轴线，*z-z* 轴是垂直于短边的轴线。对于强弱主轴与 *y-y* 轴和 *z-z* 轴不相同的截面，例如角钢等，其主轴应该分别用 *u-u* 和 *v-v* 表示。当设计此类截面时，***条款1.7***结尾处的说明非常重要，因为它规定“在 Eurocode 里所有规定都与主轴的属性有关，而主轴通常定义为 *y-y* 轴和 *z-z* 轴，但是对于角钢等某些截面定义为 *u-u* 轴和 *v-v* 轴”（例如，对于角钢和其他相似的截面，*u-u* 轴和 *v-v* 轴的特性需用来代替 *y-y* 轴和*z-z*轴的特性）。 ***条款1.7***

图 1.1 定义了常用钢结构截面的主要尺寸和轴线。

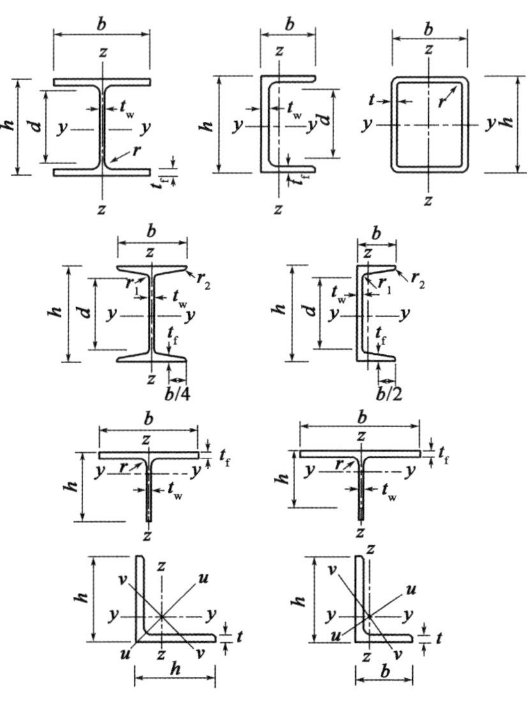

图 1.1　Eurocode 3 中截面的尺寸和轴线

第 2 章 设计基础

本章讨论了设计基础,涵盖了 EN 1993-1-1 的*第2 章*和 EN 1990 的第 2 章。涉及以下条款:

2.1 要求

Eurocode 3 的基本方法与 BS 5950 在本质上是相同的,都是基于极限状态准则分项系数法。这种方法在 EN 1990 中有详细规定,在《Eurocode 设计指南:结构设计基础 EN 1990》(Gulvanessian 等,2002)中有补充说明。本指南的第 14 章给出了关于使用 EN 1990 和 EN 1991 的指导建议,包括荷载和荷载组合的规定。关于 EN 1990 更进一步的参考信息本指南也进行了引用。

EN 1990 的基本要求规定所设计的结构应该具有足够的:

- 结构承载能力;
- 适用性;
- 耐久性;
- 抗火性(一定时间内);
- 鲁棒性(避免在如爆炸、撞击以及人为失误等因素造成结构破坏时引起连续倒塌)。

条款2.1.1(2) ***条款2.1.1(2)*** 规定"采用 EN 1990 的荷载组合和 EN 1991 的作用,使用分项系数法进行极限状态设计,其应当满足以上基本要求。"

条款2.1.3 ***条款2.1.3*** 列出了钢结构的设计使用年限、耐久性和鲁棒性的简要说明。EN 1990 的第 1 章定义的设计使用年限为"设计规定的结构或结构部件在经历维护但不需要进行大修即可按其预定目的使用的年限"。结构的设计使用年限通常是根据其用途(由用户指定)决定的。表 2.1(EN 1990 的表 2.1)给出的设计使用年限具有一定的指导意义,例如在考虑疲劳和腐蚀等与时间相关的影响时很有帮助。

条款2.1.3.1 耐久性在本指南的第 4 章中有更详细的论述,在***条款2.1.3.1*** 中给出了关于

耐久性的基本要求，指出钢结构的设计应能抵抗腐蚀，具有足够的疲劳破坏期限，能够抗磨损，能够抵抗偶然作用，并应适合检查和维护（在设计中确保易受这些影响的部件容易接近，以便进行维护工作）。

规定的设计使用年限　　表 2.1

设计使用年限分类	规定的设计使用年限（年）	示　　例
1	10	临时结构（不以重复使用为目的的可拆除结构）
2	10～25	可替换的结构部件，例如吊车梁和支座
3	15～30	农用或类似结构
4	50	建筑结构和其他普通建筑
5	100	纪念性建筑结构、桥梁和其他土木工程结构

2.2　极限状态设计原则

EN 1990 第 3 章中列出了基于极限状态设计的基本原则。***条款2.2*** 提醒设计人员延性设计的重要性。这一条款指出 Eurocode 3 中给出的截面和构件抗力模型是基于材料具有足够延性的假定所建立的。为了保证达到材料的要求，应参考*第3* 章（本指南的第 3 章）的规定。 ***条款2.2***

2.3　基本变量

EN 1990 第 4 章给出了基本变量的信息。根据 Eurocodes 进行结构设计时，作用需按照 EN 1991 来确定，同时分项系数和作用组合的确定需参照 EN 1990 的规定。一些初步的指导建议将在本指南的第 14 章中给出。

2.4　根据分项系数法验算

在整个 EN 1993-1-1 中，结构截面和构件的承载能力计算都需要材料特性和几何参数信息。式（*2.1*）为基本钢结构承载力公式：

$$R_{\mathrm{d}} = \frac{R_{\mathrm{k}}}{\gamma_{\mathrm{M}}} \qquad (2.1)$$

式中：R_{d}——承载力设计值；

R_{k}——承载力标准值；

γ_{M}——考虑了材料、几何参数和模型不确定性的分项系数（为 γ_{m} 和 γ_{Rd} 的乘积）。

在实际设计中，为避免术语（如名义值、标准值和设计值等）产生混淆，做如下说明：

■ 对于材料特性，本指南表*3.1* 中给出的名义值（作为标准值）可用于设计见（***条款2.4.1（1）*** 和 ***条款3.1（1）***）。如英国国家附件所述，这些值为产品标准（如 EN 10025 和 EN 10210）规定的最小值。 ***条款2.4.1（1）*** ***条款3.1.（1）***

■ 产品标准中的截面和系统的几何尺寸或施工标准 EN 1090 图式中的名义

条款2.4.2(1) 值可用于设计中(***条款2.4.2(1)***)。

条款2.4.2(2) ***条款2.4.2(2)***强调用于结构分析和构件设计(见第*5*章)的几何缺陷的设计值为等效几何缺陷,其应包括真实几何缺陷(例如初弯曲)、加工和安装的结构缺陷(施工误差)、残余应力和结构构件屈服值的不均匀因素的影响。

2.5　试验辅助设计

英国钢结构设计的一个重要特征是需要依赖很多产品设计数据,如檩条和压

条款2.5 型钢板。***条款2.5*** 允许采用这一方式,EN 1990 附录 D 中给出了必要的详细信息。

本章参考文献

Gulvanessian H, Calgaro J-A and Holický M (2002) *Designers' Guide to EN 1990, Eurocode: Basis of Structural Design.* Thomas Telford, London.

第 3 章　材料

本章讨论了 EN 1993-1-1 中第 *3* 章关于材料特性的内容。涉及以下条款：

- ■ 一般规定　*条款 3.1*
- ■ 结构钢　*条款 3.2*
- ■ 连接件　*条款 3.3*
- ■ 建筑中的其他预制产品　*条款 3.4*

3.1　一般规定

英国国家附件的***条款 NA.2.4*** 规定，材料特性的名义值取自相关的产品标准。这些值可以用在整部标准的设计公式中。　***条款 NA.2.4***

3.2　结构钢

如上所述，英国国家附件的***条款 NA.2.4*** 规定设计人员可直接从产品标准中确定材料特性。对于热轧扁钢和线材（包括工字钢和 H 型钢），主要标准是 EN 10025-2。对于热成型结构用空心截面，主要标准是 EN 10210-1。屈服强度 f_y（取自产品标准的 R_{eH}）和极限抗拉强度 f_u（取自产品标准中 R_m 的最低值）均列于表 3.1 中。尽管 EN 1993-1-1 中没有明确的规定，但对于轧制截面，建议根据最厚板件的厚度来确定整个截面的屈服强度。　***条款 NA.2.4***

为保证按 EN 1993-1-1 设计的钢结构具有足够的延性，英国国家附件***条款 NA.2.5*** 提出了如下要求。　***条款 NA.2.5***

对于弹性分析：

- ■ $f_u/f_y \geqslant 1.10$
- ■ 破坏时的伸长率 > 15%（计量长度为 $5.65\sqrt{A_0}$，其中 A_0 为初始截面面积）
- ■ $\varepsilon_u \geqslant 15\varepsilon_y$，其中 ε_u 为极限应变值，ε_y 为屈服应变值

对于塑性分析：

- ■ $f_u/f_y \geqslant 1.15$
- ■ 破坏时的伸长率 > 15%（计量长度为 $5.65\sqrt{A_0}$）
- ■ $\varepsilon_u \geqslant 20\varepsilon_y$

表 3.1 中列出的所有等级的钢材都满足这些要求，因此没有必要再一一核对。一般而言，只有比表中强度更高的钢材才可能会不满足以上的延性要求。

屈服强度f_y和极限抗拉强度f_u的名义值

(取自产品标准 EN 10025-2 和 EN 10210-1)　　表 3.1

钢材等级	厚度范围(mm)	屈服强度f_y (N/mm^2)	厚度范围(mm)	极限抗拉强度f_u (N/mm^2)
S235	$t \leqslant 16$	235	$t < 3$	360
	$16 < t \leqslant 40$	225		
	$40 < t \leqslant 63$	215	$3 \leqslant t \leqslant 100$	360
	$16 < t \leqslant 80$	215		
	$80 < t \leqslant 100$	215		
S275	$t \leqslant 16$	275	$t < 3$	430
	$16 < t \leqslant 40$	265		
	$40 < t \leqslant 63$	255	$3 \leqslant t \leqslant 100$	410
	$63 < t \leqslant 80$	245		
	$80 < t \leqslant 100$	235		
S355	$t \leqslant 16$	355	$t < 3$	510
	$16 < t \leqslant 40$	345		
	$40 < t \leqslant 63$	335	$3 \leqslant t \leqslant 100$	470
	$63 < t \leqslant 80$	325		
	$80 < t \leqslant 100$	315		

为避免脆性破坏,在结构设计使用年限内,材料在最低使用温度下必须有足够的断裂韧性。英国国家附件***条款NA.2.6***规定在英国室内钢材的最低使用温度是 −5℃,室外是 −15℃。关于断裂韧性和防止脆性断裂的设计要求在 EN 1993-1-10 有详细的规定。

条款NA.2.6

条款3.2.6　EN 1993-1-1 中使用的材料特性参数在***条款3.2.6***中给出:

■ 弹性模量

$$E = 210000 \mathrm{N/mm^2}$$

■ 剪切模量

$$G = \frac{E}{2(1+\nu)} \approx 81000 \mathrm{N/mm^2}$$

■ 泊松比

$$\nu = 0.3$$

■ 线膨胀系数

$$\alpha = 12 \times 10^{-6}/℃ \quad (温度低于 100℃时)$$

熟悉英国标准的设计人员会发现英国标准中的杨氏模量为 $205000\mathrm{N/mm^2}$,与 EN 1993-1-1 中的 $210000\mathrm{N/mm^2}$有微小的差别(约 2%)。

3.3　连接件

对于连接件的要求在 EN 1993-1-8 中给出,包括螺栓、铆钉和销轴,以及焊接和焊接材料,并且在本指南的第 12 章中也会讨论。

3.4 建筑中的其他预制产品

条款3.4(1)B 仅规定了建筑结构设计中用到的半成品或成品的结构产品都必须符合EN产品标准或ETAG(欧洲技术认证指南)或ETA(欧洲技术认证)的要求。 ***条款3.4(1)B***

第 4 章　耐久性

本章主要讨论了耐久性,包括 EN 1993-1-1 的*第 4 章*和 EN 1990 中的简要参考内容。

耐久性可以被定义为结构在适当的维护水平下,能够完好使用到设计使用年限的性能。

对于耐久性的基本要求,Eurocode 3 规定设计人员应按 EN 1990,2.4 中的相关要求进行设计,即“在适当的环境和预期维护水平下,所设计的结构在设计使用年限内其性能的劣化程度低于预期水平。”

EN 1990 包括了以下需要考虑的因素,以保证结构具有足够的耐久性:

■ 结构的预期使用;
■ 要求的设计准则;
■ 预期的环境条件;
■ 材料和产品的组成、属性以及性能;
■ 土体的性能;
■ 结构体系的选择;
■ 构件形状和结构细部;
■ 加工质量和控制水平;
■ 针对性的防护措施;
■ 设计使用年限内的预期维护。

对于 Eurocode 的耐久性基本要求的更详细解释可查看 Gulvanessian 等(2002)的著作,关于钢(桥)结构的耐久性问题的一般性报道是可用的(Corus,2002)。

钢结构中对耐久性有重要影响的是锈蚀、机械磨损和疲劳。因此,易受这些因素影响的部件应能够方便地进行检查和维护。

在建筑结构中,疲劳的评估通常是不需要。但是,EN 1993-1-1 强调了应考虑疲劳影响的几种情况,包括存在起重机或振动机械时,或者当构件可能受到风或人群引起的振动影响时。

锈蚀通常被认为是影响钢结构耐久性的关键因素,且上述大部分内容都与这一问题相关。因此,应特别考虑环境条件、维护计划、构件形状和结构细部、防锈蚀保护措施和材料的组成及特性。对于有侵蚀性的环境,如沿海地区以及结构构件很难检查的地方,都需要特别注意。对于室内相对湿度不超过 80% 的建筑结构内部则不需要采取防锈蚀措施。

除了选择合适的材料之外，设计人员通过良好的细部设计可以显著提高钢结构的耐久性。图 4.1 列出了错误的（左列）和正确的（右列）设计细部构造。在缺少电解质（例如水）的情况下锈蚀将不会发生，因此合适的排水设施和良好隔热系统对于防止冷桥（导致冷凝）至关重要。

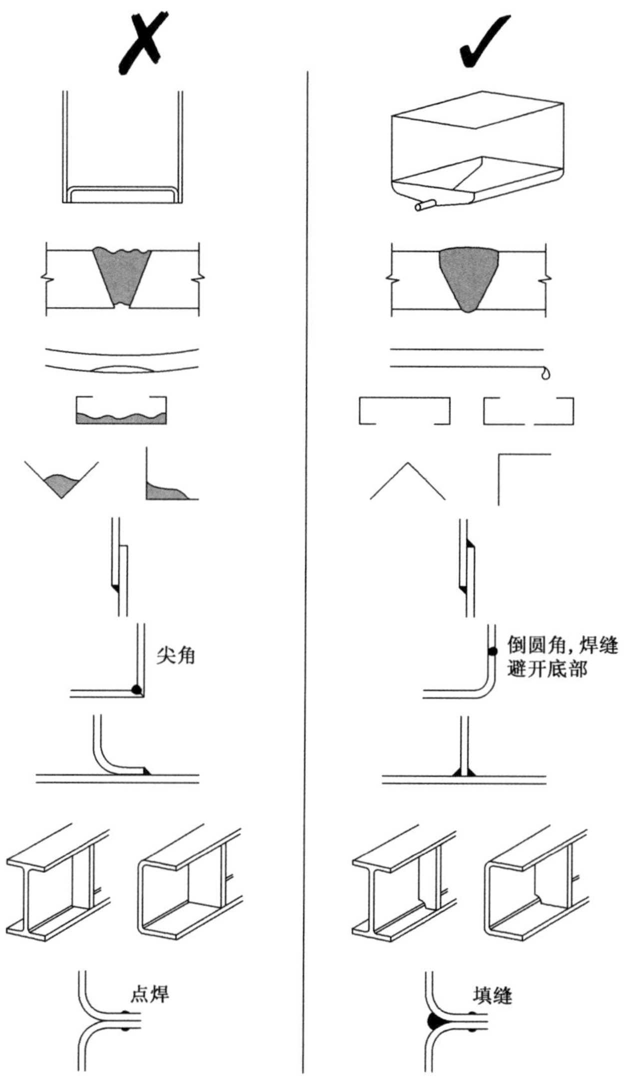

图 4.1　错误的和正确的耐久性细部设计（Baddoo 和 Burgan，2001）

本章参考文献

Baddoo NR and Burgan BA (2001) *Structural Design of Stainless Steel*. Steel Construction Institute, Ascot, P291.

Corus (2002) *Corrosion Protection of Steel Bridges*. Corus Construction Centre, Scunthorpe.

Gulvanessian H, Calgaro J-A and Holický M (2002) *Designers' Guide to EN 1990 Eurocode: Basis of Structural Design*. Thomas Telford, London.

第 5 章　结构分析

本章主要讨论了结构分析和钢结构的截面分类。相关内容包括在 EN 1993-1-1 的第 5 章中,涉及以下条款:

- 用于分析的结构建模　*条款5.1*
- 整体分析　*条款5.2*
- 缺陷　*条款5.3*
- 考虑材料非线性的分析方法　*条款5.4*
- 截面分类　*条款5.5*
- 塑性整体分析的截面要求　*条款5.6*

在按照标准要求进行截面强度和构件稳定性验算前,需要从结构整体分析中得到(构件)内力和弯矩。可采用如下四种整体分析:

1. 一阶弹性分析——初始几何尺寸和完全线性材料特性。
2. 二阶弹性分析——变形后的几何尺寸和完全线性材料特性。
3. 一阶塑性分析——初始几何尺寸和非线性材料特性。
4. 二阶塑性分析——变形后的几何尺寸和非线性材料特性。

四种分析类型的典型荷载-变形曲线如图 5.1 所示。

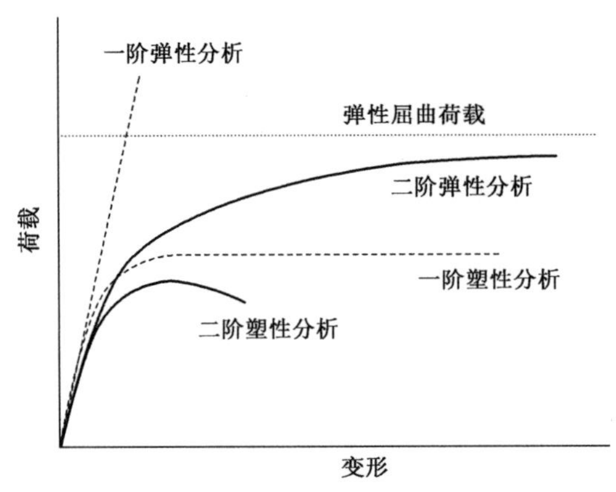

图 5.1　结构分析的荷载-变形曲线

条款5.2 ***条款5.3*** ***条款5.4***

条款5.2 解释了二阶分析(例如,变形的影响显著地改变了构件的内力或者内力矩或者结构的性能)是如何进行的。***条款5.3*** 讨论了几何缺陷对整个结构以及单个构件的影响,同时***条款5.4*** 包括了材料非线性(例如,材料塑性)对于各种分析类型的影响。

5.1 用于分析的结构建模

条款5.1 给出了关于结构和节点模型的基本假设。计算模型的选择须恰当地反映预期极限状态下的结构特性。通常,当结构特性由适用性控制时使用整体弹性分析。 *条款5.1*

弹性分析通常也用来获得第*6*章中基于极限强度验算所要用到的内力。这一方法是公认的,它可以得到偏安全的结果并且还具有荷载工况可叠加的优点。对于特定的结构类型,例如门式刚架,全局的塑性铰分析可能是比较恰当的。对于复杂的或特别敏感的结构,则在分析中需要同时考虑材料非线性和几何非线性。

一阶分析和二阶分析的选择需要基于结构柔度而定,特别是由于低估了某些内力和力矩而忽视相应的二阶效应会导致不安全的结果时。

Eurocode 3 定义了三种类型的节点,是根据在框架结构中的特性来区分的,这和 BS 5950 的第 1 部分一样。但是 Eurocode 使用了“半刚性”来定义铰接和刚接之间的特性,EN 1993-1-8 涵盖了这个内容。本指南的第 12 章也会对结构和节点的设计进行讨论。图 5.2给出了铰接节点、半刚性节点和刚接梁柱节点的示例。

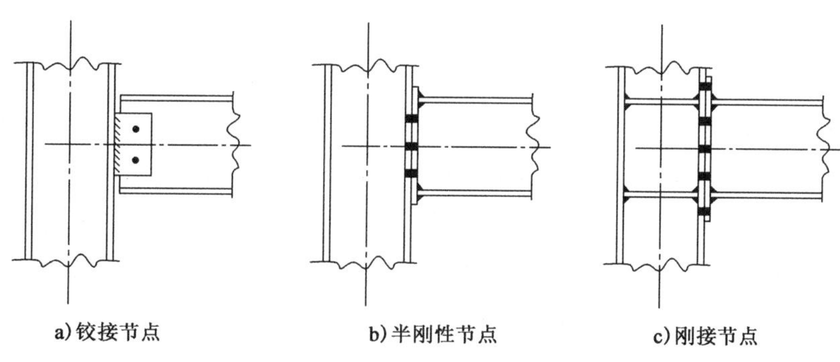

图 5.2 典型梁柱节点

5.2 整体分析

5.2.1 结构几何变形的效应

条款5.2.1 给出了关于使用一阶或二阶整体分析的建议。该条款规定,如果变形对内力或内力矩和结构性能的影响可以忽略不计,则可采用一阶分析。如果式(*5.1*)成立,则认为可以忽略。 *条款5.2.1*

$$\begin{aligned} &\text{对于弹性分析} \quad \alpha_{cr} \geqslant 10 \\ &\text{对于塑性分析} \quad \alpha_{cr} \geqslant 15 \end{aligned} \tag{5.1}$$

参数 α_{cr}是对应结构整体屈曲的弹性屈曲临界力 F_{cr}与结构设计荷载 F_{Ed}的比值,如式(D5.1)所示。

$$\alpha_{cr} = \frac{F_{cr}}{F_{Ed}} \tag{D5.1}$$

对于维护结构的塑性分析,当填充砌体墙或压型钢楼板的加劲效应忽略不计

条款NA. 2. 9　时,英国国家附件的**条款*NA. 2. 9*** 规定,当 $\alpha_{cr} \geqslant 10$ 时允许忽略二阶效应。对于承受重力荷载的门式框架的塑性分析(考虑框架缺陷或等效水平力),这个限制要求为 $\alpha_{cr} \geqslant 5$,前提是满足英国国家附件**条款 *NA. 2. 9*** 的规定。

从根本上而言,设计人员经常遇到两个问题:二阶分析是否必要？如果需要,

条款5. 2. 1
条款5. 2. 2

该如何进行二阶分析？有关这两个问题的指导在**条款*5. 2. 1*** 和**条款*5. 2. 2*** 中有讨论。

在许多情况下,有经验的工程师会知道某些形式的结构一阶分析就可以满足。为了避免疑惑,当然也可以使用式(*5. 1*)验证。越来越多的通用商业软件包括了弹性框架分析,同时也提供了框架弹性临界力 F_{cr}的计算选项。

对于门式刚架(屋面坡度小于 26°)和梁柱平面框架,以侧移屈曲为主(在大多数情况下与最低临界承载力 F_{cr}相关的屈曲模态起控制作用)的结构,一个可选的方法是,根据式(*5. 2*)提供的显式方法使用框架几何信息、施加的荷载和一阶侧移来确定 α_{cr}。

$$\alpha_{cr} = \left(\frac{H_{Ed}}{V_{Ed}}\right)\left(\frac{h}{\delta_{H,Ed}}\right) \qquad (5.2)$$

式中:H_{Ed}——在水平力(例如风)作用下楼层底部的水平反力和假想水平力；

V_{Ed}——预期作用下底层结构上的全部竖向设计荷载；

$\delta_{H,Ed}$——在预期全部水平力作用下(包括假想力)顶层相对于底层的水平侧向位移；

h——层高。

注:需要说明的是,当 NCCI SN004(SCI, 2005)允许用式(5. 2)计算 α_{cr}时,仅基于假想水平力和相应的侧移计算。

侧移变形的控制可以通过多种方法实现,例如斜撑体系(图 5. 3),刚接或混凝土核心筒。大多数情况下会使用多种体系,例如伦敦 Swiss Re 大楼(图 5. 4)使用了混凝土核心筒加周边的斜网格钢结构。

图 5. 3　外部斜撑体系(Sanomatalo 大楼,Helsinki)

图5.4 伦敦 Swiss Re 大楼

对于规则的多层框架，应该计算出每一层的 α_{cr}，虽然通常是由底层控制。对于一阶分析每一层都必须满足式(*5.1*)。当使用式(*5.2*)时，每个构件的轴向压力也必须满足**条款*5.2.1(4)***的要求。 ***条款5.2.1(4)***

5.2.2 框架的结构稳定性

条款5.2.2 规定，虽然可以在二阶分析中同时考虑几何和材料缺陷，但这一分析过程需要采用专门的软件，可以预计在未来一段时间内这一方法或将难以在实际工程分析中普及。一种更实际的方法是在整体分析中考虑整体(整体缺陷)，在构件分析中考虑局部(构件缺陷)。故**条款*5.2.2(4)***中的选项b将是一个更优的选择。商业分析软件的普及使**条款*5.2.2(4)***所述的二阶分析变为可能。通过这类程序的分析可以直接获得精度更高的构件内力和内力矩，并可用**条款*6.3***中的构件验算。此外，基于**条款*5.2.2(5)***和**条款*5.2.2(6)***，亦可在一阶线弹性分析结果基础之上获得接近于二阶分析的相对更为精确的构件内力和内力矩。这一方法通常称为放大侧移法，在设计中通过英国国家附件**条款*NA.2.10***中定义的放大系数 k_r 予以实现。作为另外一种选择，可以使用等代构件法。这种方法要求确定每一个构件的屈曲长度，理想的方法是从整体分析的结果中提取，亦即确定框架 F_{cr} 的方法。从概念上讲，这一方法相当于将有效长度法与相互作用公式一起使用，在该公式中考虑了受压构件的约束条件，其通过减小受压构件的抗力来近似模拟框架弯矩的增大效果。虽然这种方法对于相对简单和标准的情况是合理的，但是随着结构布置愈加复杂，这种方法的精度将显著下降。

条款5.2.2

条款5.2.2(4)

条款6.3

条款5.2.2(5)

条款5.2.2(6)

条款NA.2.10

5.3 缺陷

需要考虑的两类缺陷为：

■ 框架和支撑体系的整体缺陷。

■ 构件的局部缺陷。

前者需要在整体分析中进行明确的考虑,后者可以在整体分析中考虑,但通常会隐含在构件验算的过程中。

条款5.3.2
条款5.3.3
考虑框架和支撑体系中整体缺陷的具体方法参见***条款5.3.2*** 和***条款5.3.3***。通常可以用以下两个方法之一:

■ 定义结构几何形状时指定缺陷形状,例如在指定框架坐标时允许初始不垂直偏差。

■ 几何缺陷的效应通过相近的等效力系统代替(如图 5.5 中的由等效水平力代替初始缺陷)。

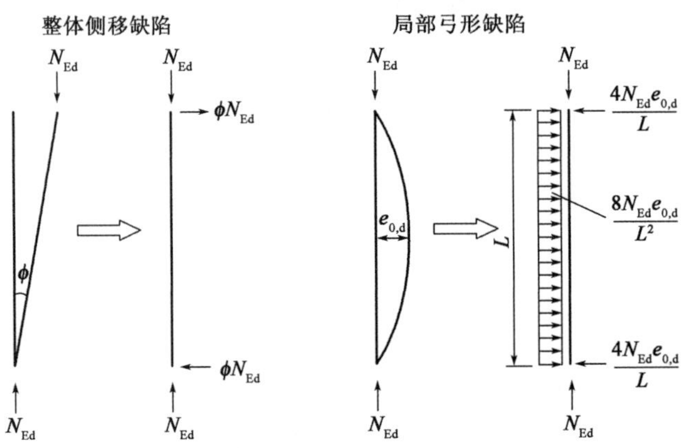

图 5.5　初始缺陷由等效(虚拟)水平力替代

对于前者,建议初始形状基于最低弹性屈曲临界力对应的模态。对于后者,

条款5.3.2(3)
条款NA.2.11
标准提供了一种用于计算等效荷载的方法。英国国家附件***条款5.3.2(3)*** 和***条款NA.2.11*** 规定了整体侧移缺陷(对框架)和局部弓形缺陷(对构件)的大小。

5.4　考虑材料非线性的分析方法

本节比标准中更为详细地规定了结构内力和内力矩的计算方法,这是验算构

条款5.4.2
条款5.4.3
件承载力所必需的。***条款5.4.2*** 允许使用线性弹性分析,包括在极限强度的基础上与构件验算联合使用。***条款5.4.3*** 对于三种塑性分析方法的区别做了规定:

■ 弹塑性,采用塑性铰理论,可能只有几个专门的软件可以使用。

■ 非线性塑性区,是一种研究手段。

■ 刚塑性、简单的塑性分析,例如采用倒塌机构的概念,通常用于门式刚架和连续梁。

以上每种方法都有使用限制。这些都与英国的工程实践相联系,特别是使用塑性分析的限制条件,需要约束面外的变形,至少使用单轴对称截面以及需要塑性区具有转动能力。

5.5 截面分类

5.5.1 依据

对于确定钢结构构件的承载力(强度)要求,设计人员首先考虑构件的截面特性,其次需要考虑整体结构的结构响应。***条款5.5.1*** 和***条款6.2*** 涵盖了设计过程中构件横截面特性方面的内容。不论是在弹性还是非弹性材料范围,截面承载力和转动能力都会因局部屈曲而受到限制。如 BS 5950 中所采用的方法,Eurocode 3 在 ***条款5.5*** 中通过划分截面的方法考虑局部屈曲的影响。截面承载力的计算方法可参考***条款6.2***。

条款5.5.1
条款6.2
条款5.5
条款6.2

在 Eurocode 3 中,根据材料屈服强度、截面受压部位的宽厚比(例如腹板和翼缘)以及加载位置,将截面分为四类。Eurocode 3 中的1类、2类、3类和4类与 BS 5950 的塑性、紧凑型、半紧凑型和细长型分类相对应。

5.5.2 截面分类

分类的定义

Eurocode 3 定义了如下四类截面(***条款5.5.2(1)***): *条款5.5.2(1)*

■ 1类截面能够形成塑性铰并具有相应的转动能力,塑性分析中承载力不折减。

■ 2类截面具有部分塑性承载力,但由于局部屈曲具有有限的转动能力。

■ 3类截面在弹性分析中钢构件的应力分布假定为弹性分布,极限受压纤维能够达到屈服强度,但是局部屈曲阻止了塑性承载力的开展。

■ 4类截面的一处或多处达到屈服强度前就发生了局部屈曲。

四类截面转动特性如图5.6所示。1类截面在纯压下是完全有效的,在弯曲时能够达到并保持完整的塑性转动能力(因此可用于塑性设计)。2类截面的变形能力略低,但在纯压时也能充分发挥作用,在弯曲时能达到其塑性弯矩。3类截面在纯压下全截面有效,但是局部屈曲限制了其在弯曲作用下达到全塑性弯矩;抗弯承载力因此限定在弹性屈曲弯矩。4类截面在弹性阶段就出现了局部屈曲。因此需要根据每个板件的宽厚比定义有效截面进而确定截面的承载力。主要的热轧截面大都是1类、2类或3类,其截面承载力可依据截面表中的毛截面确定。有效宽度的计算并不包含在 EN 1993-1-1 中,而是在 EN 1993-1-5 中,这些会在后续的章节中讨论。

对于冷成型截面,大多数是开口截面(例如槽形截面)和轻钢型材,设计中很少采用其毛截面特性。关于这部分的设计要求在 EN 1993-1-3 和本指南的第14章中有论述。

板件的评估

每一个受压板件或部分受压板件都需要根据 EN 1993-1-1 的表*5.2*(见本指南中表5.1)中关于1类、2类和3类的宽厚比限值进行单独评估。如果不符合3类限值则是 4 类。EN 1993-1-1 的表*5.2* 中包含 3 个子表栏,表栏 1 为内部受压板件,定义为有两个支承的翼缘部分或者腹板。表栏 2 为外伸翼缘,其一侧支承在相邻的翼缘或腹板上,另一侧为自由端。表栏 3 为角钢和管截面。

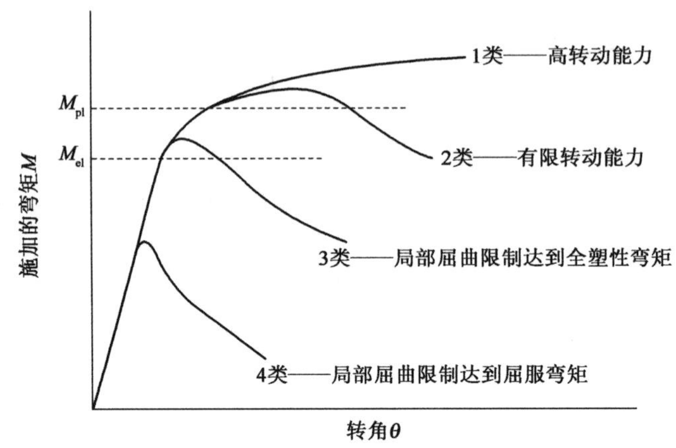

图 5.6 Eurocode 3 定义的四类截面特性

宽厚比限值由系数 ε 修正,该系数取决于材料屈服强度(对于管截面径厚比,由 ε^2 修正)。ε 的定义如下:

$$\varepsilon = \sqrt{235/f_y} \tag{D5.2}$$

其中 f_y 是表 3.1 中的钢材名义屈服强度。显然,增加材料名义屈服强度会导致更严的截面分类限值。需要注意的是,Eurocode 3(式(D5.2))定义的 ε 是以 235N/mm² 作为基准值的,其原因是 S235 级钢在整个欧洲被广泛使用,并被视为常规等级。而在 BS 5950 和 BS 5400 中则分别采用的是 275N/mm² 和 355N/mm² 作为基准值。

名义屈服强度和钢材产品标准的钢材等级有关,同时需要考虑钢材的名义厚度。英国国家附件指出,材料特性采用本指南 3.2 节所示的相关产品标准,其中的数值取自相关产品标准,并包含在表 3.1 中。

EN 1993-1-1 的表*5.2* 给出的分类限值是假定截面受力屈服,虽然情况并非如

条款*5.5.2(9)*
条款*5.5.2(10)*
条款*5.3*

此,***条款5.5.2(9)***和***条款5.5.2(10)***对 3 类截面的限值有所放松。当使用二阶分析方法进行屈曲承载力计算并使用***条款5.3*** 中的构件缺陷时,4 类截面可视为 3 类截面,如果宽厚比小于 3 类截面的限值,ε 可以通过式(D5.3)进行增大。

$$\varepsilon = \sqrt{235/f_y}\sqrt{\frac{f_y/\gamma_{M0}}{\sigma_{com,Ed}}} \tag{D5.3}$$

其中 $\sigma_{com,Ed}$ 取板件中的最大压应力设计值。

条款*6.3*

传统的构件设计中屈曲承载力通过***条款6.3*** 定义的屈曲曲线确定,式(D5.2)中 ε 的基本定义不允许修改,表*5.2* 中限值条件也必须遵守。

对 EN 1993-1-1 中表*5.2* 的说明

这一小节的目的是对表*5.2*(此处重新绘制在表 5.1中)的分类进行说明。

(第 1 栏)**受压板件最大宽厚比限值**(EN 1993-1-1 的表*5.2*)　　　　表 5.1

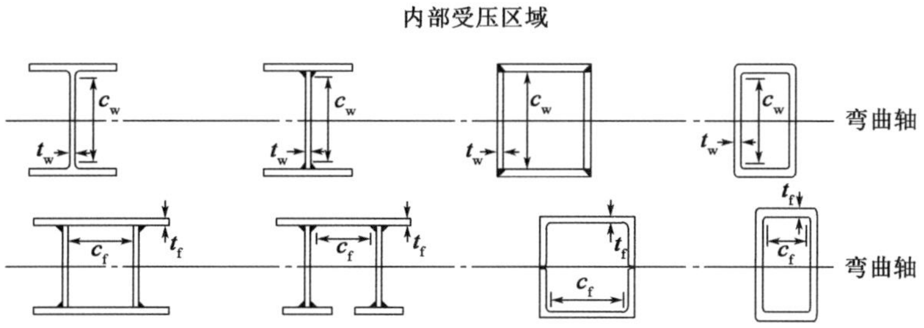

内部受压区域

弯曲轴

弯曲轴

类别	受弯作用	受压作用	受压弯作用
区域内的应力分布(压为正)	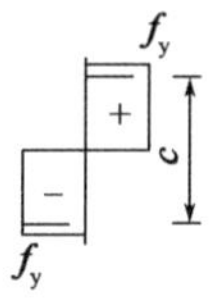	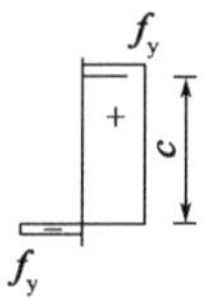	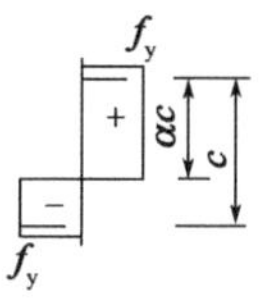
1	$c/t \leqslant 72\varepsilon$	$c/t \leqslant 33\varepsilon$	当 $\alpha > 0.5$ 时,$c/t \leqslant \dfrac{396\varepsilon}{13\alpha - 1}$ 当 $\alpha \leqslant 0.5$ 时,$c/t \leqslant \dfrac{36\varepsilon}{\alpha}$
2	$c/t \leqslant 83\varepsilon$	$c/t \leqslant 38\varepsilon$	当 $\alpha > 0.5$ 时,$c/t \leqslant \dfrac{456\varepsilon}{13\alpha - 1}$ 当 $\alpha \leqslant 0.5$ 时,$c/t \leqslant \dfrac{41.5\varepsilon}{\alpha}$
区域内的应力分布(压为正)	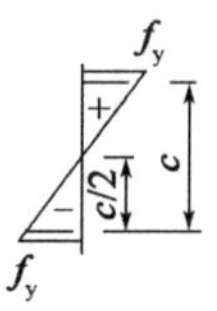	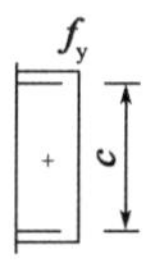	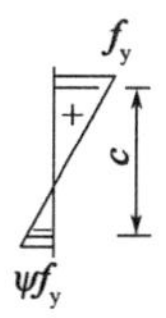
3	$c/t \leqslant 124\varepsilon$	$c/t \leqslant 42\varepsilon$	当 $\psi > -1$ 时,$c/t \leqslant \dfrac{42\varepsilon}{0.67 + 0.33\psi}$ 当 $\psi \leqslant -1$ *) 时,$c/t \leqslant 62\varepsilon(1 - \psi)$

$\varepsilon = \sqrt{235/f_y}$	f_y	235	275	355	420	460
	ε	1.00	0.92	0.81	0.75	0.71

*) $\psi \leqslant -1$ 适用于当压应力 $\sigma < f_y$ 或拉应变 $\varepsilon_y > f_y/E$ 时。

(第 2 栏)**受压板件最大宽厚比限值**(EN 1993-1-1 的表5.2)　　表 5.1

外伸翼缘

热轧截面　　焊接截面

类别	受压作用	受压弯作用				
		端部受压			端部受拉	
区域应力分布(压为正)						
1	$c/t \leqslant 9\varepsilon$	$c/t \leqslant \frac{9\varepsilon}{\alpha}$			$c/t \leqslant \frac{9\varepsilon}{\alpha\sqrt{\alpha}}$	
2	$c/t \leqslant 10\varepsilon$	$c/t \leqslant \frac{10\varepsilon}{\alpha}$			$c/t \leqslant \frac{10\varepsilon}{\alpha\sqrt{\alpha}}$	
区域应力分布(压为正)						
3	$c/t \leqslant 14\varepsilon$	$c/t \leqslant 21\varepsilon\sqrt{k_\sigma}$ k_σ 见 EN 1993-1-5				
$\varepsilon = \sqrt{235/f_y}$	f_y	235	275	355	420	460
	ε	1.00	0.92	0.81	0.75	0.71

以下几点值得注意:

1. 表5.2 中的第 1 栏和第 2 栏中所有 c/t 都和分类限值相比较,c 和 t 的取值见表中第一行的图片。在本指南中,c_f 和 c_w 分别表示翼缘和腹板的受压宽度。

2. 第 1 栏和第 2 栏中定义的翼缘宽度 c 采用平直部分的尺寸,即倒角和焊缝被排除在测量之外,如图 5.7 所示。在 Eurocode 3 的 ENV 版本或 BS 5950 中并非如此,通常采用更方便的计算方法(例如 I 形截面外伸的宽度取其总翼缘宽度的一半)。

3. 上面第 2 点的实行和测试结果的重新分析允许 Eurocode 3 对于轧制和焊接截面采用相同的分类限值。

4. 对于矩形空心截面内部倒角的数值并不清楚,可以假设受压宽度 c 等于$b-3t$。

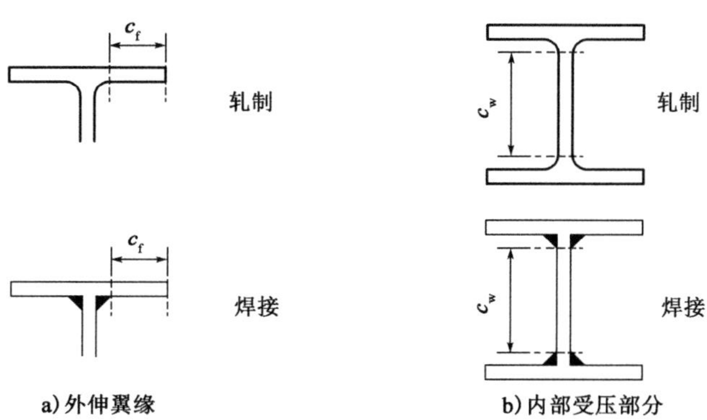

图 5.7　一般情况下受压宽度 c 的定义

表*5.2* 的第 2 栏中的系数 k_σ是一个屈曲系数，取决于受压板件的压应力分布和边界条件。本指南的 6.2.2 介绍了 k_σ的计算，并参考了 EN 1993-1-5。

（第 3 栏）**受压板件最大宽厚比限值**（EN 1993-1-1 的表*5.2*）　　　表 5.1

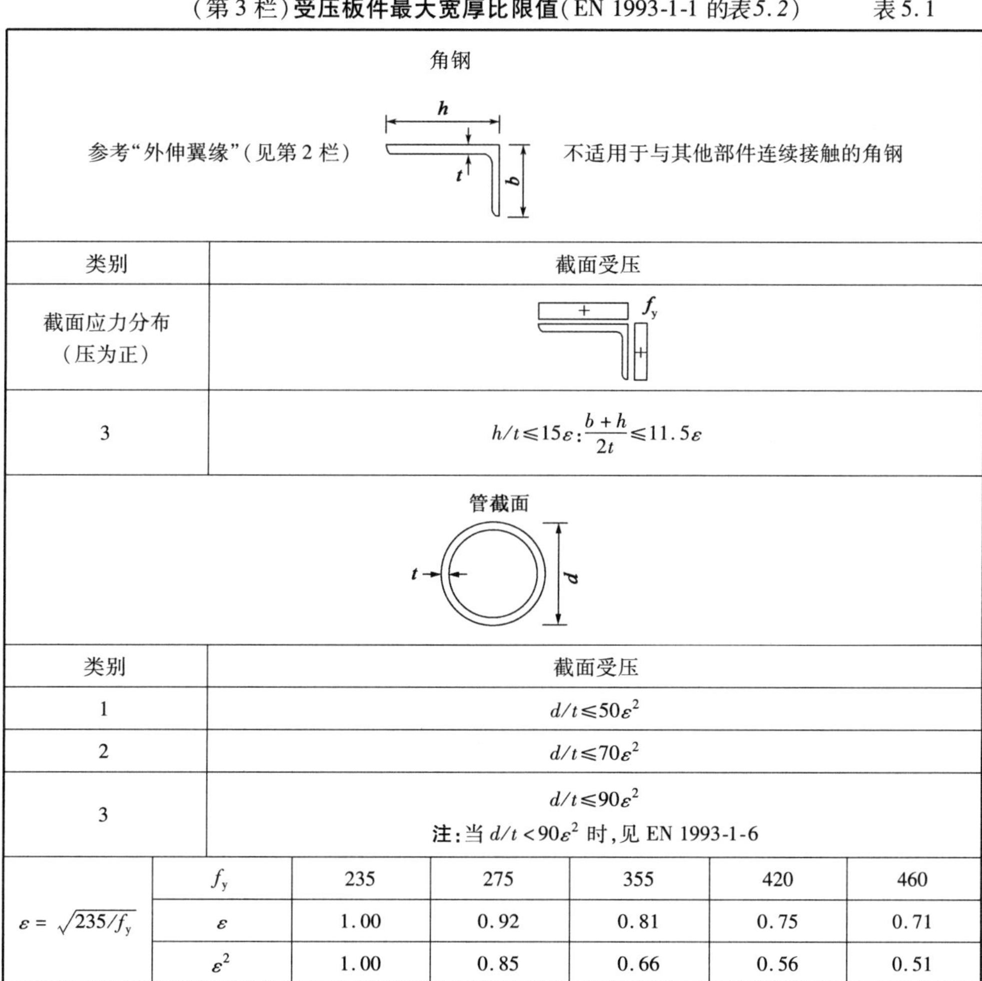

角钢						
参考“外伸翼缘”（见第 2 栏）			不适用于与其他部件连续接触的角钢			
类别	截面受压					
截面应力分布（压为正）						
3	$h/t \leqslant 15\varepsilon$：$\frac{b+h}{2t} \leqslant 11.5\varepsilon$					
管截面						
类别	截面受压					
1	$d/t \leqslant 50\varepsilon^2$					
2	$d/t \leqslant 70\varepsilon^2$					
3	$d/t \leqslant 90\varepsilon^2$ 注：当 $d/t < 90\varepsilon^2$ 时，见 EN 1993-1-6					
$\varepsilon = \sqrt{235/f_y}$	f_y	235	275	355	420	460
	ε	1.00	0.92	0.81	0.75	0.71
	ε^2	1.00	0.85	0.66	0.56	0.51

整个截面分类

一旦确定了截面各个部分的分类，Eurocode 3 允许整个截面的分类采用以下两种方式之一确定：

1. 整个截面的分类定义为截面所有各部分最高的等级（最有利），但以下情况除外：（i）具有 3 类截面腹板与 1 类或 2 类翼缘的截面划分为具有有效腹板的 2 类

条款6.2.2.4　截面(*条款6.2.2.4*);(ii)当腹板假设仅承受剪力(不对截面受弯或受压承载力提供贡献)时,可以按其翼缘进行分类(但不能是 1 类截面)。

2. 整个截面的分类引用翼缘和腹板各自的分类进行定义。

4 类截面

条款6.2.2.5　4 类截面(见*条款6.2.2.5*)为在材料弹性范围内易受局部屈曲影响的细长单元。指定 4 类截面的受压有效宽度,可以用来考虑由于局部屈曲导致的 4 类截面承载力的降低。有效宽度的计算公式没有包含在 Eurocode 3 的第 1-1 部分中,而是分布在 Eurocode 的各个部分中,冷成型型材包含在第 1-3 部分中,热轧型材和焊接型材包含在第 1-5 部分中,圆形空心型材包含在第 1-6 部分中。4 类截面的有效特性计算在本指南 6.2.2 中有详细描述。

弯矩与轴力作用下的分类

截面在压弯作用下的分类需要根据组合荷载的真实应力分布进行分类。为简便起见,可以以纯压作为初始检验,如果得到截面是 1 类或 2 类,则无须根据真实的应力分布进行附加计算。但是如果得到截面是 3 类或 4 类,为考虑经济性则需进一步确定在组合荷载作用下的分类。

对于 1 类和 2 类截面的判定,可以假定一个塑性应力分布,而对于 3 类截面的判定,可以假定一个弹性应力分布。对于压弯作用下的截面判定(*表5.2*),首先需要计算 α(对于 1 类和 2 类截面的限值)和 ψ(对于 3 类截面的限值),其中 α 是受压单元的受压宽度和总宽度的比值,ψ 是端部的应力比率(图 5.8)。关于荷载组合作用下的截面分类更详细的内容可以见 Davison 和 Owens(2011)的著作。对于 I 形或 H 形截面通常为受压并强轴受弯,其中性轴位于腹板内,整个受压单元的受压比率 α 可以按下式计算:

$$\alpha = \frac{1}{c_w}\left(\frac{h}{2} + \frac{1}{2}\frac{N_{Ed}}{t_w f_y} - (t_t + r)\right) \leqslant 1 \tag{D5.4}$$

式中:c_w——腹板的受压宽度(见图 5.8);

N_{Ed}——轴向压力,在塑性应力分布下需要确保受压翼缘至少是 2 类截面。

端部应力比率 ψ(需要验算满足 3 类截面的限值)可以通过叠加弯曲应力分布和轴压应力分布得到。

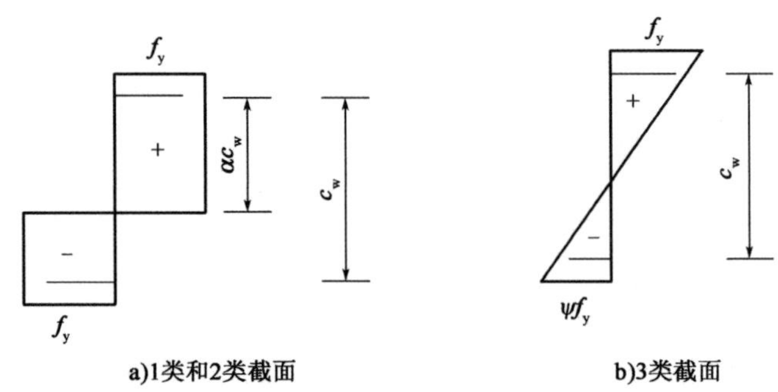

条款6.2.9　图 5.8　压弯作用下 α 和 ψ 在截面分类中的定义

条款6.3.3　*条款6.2.9* 和*条款6.3.3* 分别给出了确定压弯构件截面及单个构件承载力的

设计规则。下面给出一个压弯构件截面分类的计算实例。

算例 5.1　压弯作用下的截面分类

对于承受压弯作用的构件设计，在强轴（y-y）弯矩和轴力 300kN 的作用下，确定钢材牌号为 S275 时 406 × 178 × 54 UKB 的截面分类（图 5.9）。

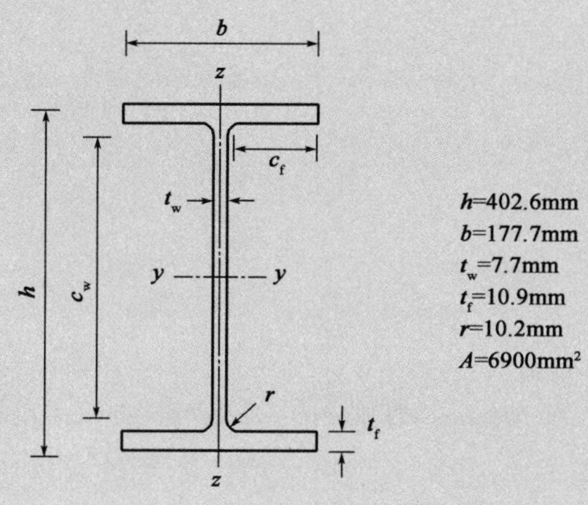

图 5.9　406 × 178 × 54 UKB 截面特性

材料名义厚度（$t_f = 10.9$mm 和 $t_w = 7.7$mm）小于或等于 16mm，则对于 S275 钢，根据 EN 10025-2，其名义屈服强度 f_y 为 275N/mm²。

根据条款 *3.2.6*：$E = 210000\text{N/mm}^2$

截面特性

首先确定在纯压作用下的截面分类，看是否需要进一步的精确计算。　　*条款 5.5.2*

在纯压作用下的截面分类（条款 5.5.2）

$\varepsilon = \sqrt{235/f_y} = \sqrt{235/275} = 0.92$

外伸翼缘（表 *5.2*，第 2 栏）

$c_f = (b - b_w - 2r)/2 = 74.8\text{mm}$

$c_f/t_f = 74.8/10.9 = 6.86$

1 类翼缘限值 $= 9\varepsilon = 8.32$

$8.32 > 6.86$　∴ 翼缘属于 1 类。

腹板——内部受压部分（表 *5.2*，第 1 栏）：

$c_w = h - 2t_f - 2r = 360.4\text{mm}$

$c_w/t_w = 360.4/7.7 = 46.81$

3 类腹板限值 $= 42\varepsilon = 38.8$

$38.8 < 46.81$　∴ 腹板属于 4 类。

条款5.5.2

在纯压作用下,整个截面属于 4 类。因此需要进一步的精确计算。

在组合荷载作用下的截面分类(条款5.5.2)

翼缘分类仍为 1 类。

腹板——内侧压弯作用下(表*5.2*,第 1 栏):

根据表*5.2*(第 1 栏),对于 2 类截面:

当 $\alpha > 0.5$ 时

$$\frac{c_w}{t_w} \leqslant \frac{456\varepsilon}{13\alpha - 1}$$

当 $\alpha \leqslant 0.5$ 时

$$\frac{c_w}{t_w} \leqslant \frac{41.5\varepsilon}{\alpha}$$

其中 α 可以由式(D5.4)确定。对于 I 形或 H 形截面,当其中性轴位于腹板内时:

$$\alpha = \frac{1}{c_w}\left[\frac{h}{2} + \frac{1}{2}\frac{N_{Ed}}{t_w f_y} + (t_r + r)\right] \leqslant 1 \qquad (D5.4)$$

$$= \frac{1}{360.4} \times \left[\frac{402.6}{2} + \frac{1}{2}\frac{300000}{27.7 \times 275} - (10.9 + 10.2)\right]$$

$$= 0.70$$

$\therefore$ 2 类腹板限值 $= \dfrac{456\varepsilon}{13\alpha - 1} = 52.33$

$52.33 > 46.81$　$\therefore$ 腹板属于 2 类。

因此整个截面在组合作用下属于 2 类截面。

结论

保持 2 类截面时,与强轴弯矩组合的最大轴力为 411kN。

截面和构件承受压弯作用时的承载力分别在本指南的 6.2.9 和 6.3.3 中介绍。

5.6　塑性整体分析的截面要求

对于需要塑性整体分析的结构,对其组成构件的截面提出了一系列要求来确保结构性能符合分析假设。对于截面,本质上是要求其塑性铰截面具有足够转动能力。

条款5.6

条款5.6 指出,对于等截面构件,当以下两点满足时可认为其具有足够的转动能力。

1. 构件在塑性铰位置为 1 类截面。

2. 如果在塑性铰位置施加的横向力超过了截面抗剪承载力的 10%,则需要沿

着构件 $h/2$ 处至塑性铰处设置腹板加劲肋。

条款5.6(3)是对于变截面构件(截面沿长度变化)的附加规定。紧固件孔在受拉中的要求参考***条款5.6(4)***。对于结构塑性构件,塑性设计要求见本指南的第 11 章。

条款5.6(3)

条款5.6(4)

本章参考文献

Davison B and Owens GW (2011) *The Steel Designers' Manual*, 7th ed. Steel Construction Institute, Ascot, and Blackwell, Oxford.

SCI (2005) NCCI SN004:Calculation of alpha-cr. http://www.steel-ncci.co.uk.

第 6 章　承载能力极限状态

本章的主题为截面和构件承载能力极限状态的设计。本章内容主要涵盖 EN 1993-1-1 的*第6 章*,涉及以下条款:

- 一般规定 *条款6.1*
- 截面承载力 *条款6.2*
- 构件的屈曲承载力 *条款6.3*
- 等截面格构式受压构件 *条款6.4*

与 BS 5950 第 1 部分基本独立不同,EN 1993-1-1 不是一个独立的文件。这一点在*第6 章*中可以举例说明,其经常引用标准的其他部分。例如 4 类截面有效宽度的定义不包含在 Eurocode 3 的第 1-1 部分中,设计人员需要参考第 1-5 部分(板结构)。尽管 Eurocode 3 的这种方式受到一些批评,但最终的第 1-1 部分在满足大多数钢结构设计状况的同时仍然很细。

6.1　一般规定

在 Eurocodes 中,分项系数 γ_{Mi} 被应用于各种设计状况下的不同因素,以将抗力从标准值减小至设计值(确保能够达到所需的安全水平)。针对给定工况预期抗力的不确定性(材料、几何、模型等)和选定的抗力模型,需要确定 γ_M 的值。分项系数在本指南的 2.4 节中已经讨论过了。更详细的信息可查看 EN 1990 或其他文献。EN 1993-1-1 用到的 γ_{Mi} 如下所示:

- 截面承载力分项系数 γ_{M0}。
- 构件屈曲承载力分项系数(***条款6.3*** 的验算中)γ_{M1}。　*条款6.3*
- 截面在拉断状况下的抗力分项系数 γ_{M2}。

表 6.1 给出了 Eurocode 3 对于建筑分项系数名义值的建议值。对于英国的项目则应使用英国国家附件的***条款NA.2.15***,这些值也列在了表 6.1 中。　*条款NA.2.15*

建筑分项系数 γ_M 名义值　表 6.1

分项系数 γ_M	Eurocode 3	英国国家附件
γ_{M0}	1.00	1.00
γ_{M1}	1.00	1.00
γ_{M2}	1.25	1.10

条款6.2 ***条款6.3***

条款6.2 和***条款6.3*** 分别包括了截面承载力和构件承载力。通常截面和构件都要验算。

6.2　截面承载力

6.2.1　一般规定

条款5.5 ***条款6.2***

在确定截面承载力之前，截面应按照***条款5.5*** 进行分类。截面分类在本指南5.5 节中有详细描述。***条款6.2*** 规定的截面承载力计算，包括净截面存在紧固件孔的地方被拉断时的承载力。

条款6.2.1(4) ***条款6.2.1(5)***

条款6.2.1(4) 允许弹性验算所有截面承载力(4 类截面使用有效截面特性)。为此，在***条款6.2.1(5)*** 中提供了熟悉的 Von Mises 屈服准则，如式(*6.1*)，即任何临界点的局部折算应力不应超过屈服应力(除以分项系数 γ_{M0})：

$$\left(\frac{\sigma_{x,Ed}}{f_y/\gamma_{M0}}\right)^2+\left(\frac{\sigma_{z,Ed}}{f_y/\gamma_{M0}}\right)^2-\left(\frac{\sigma_{x,Ed}}{f_y/\gamma_{M0}}\right)^2\left(\frac{\sigma_{z,Ed}}{f_y/\gamma_{M0}}\right)^2+3\left(\frac{\tau_{Ed}}{f_y/\gamma_{M0}}\right)^2\leqslant 1 \qquad (6.1)$$

式中：$\sigma_{x,Ed}$——计算点的局部纵向应力设计值；

$\sigma_{z,Ed}$——计算点的局部横向应力设计值；

τ_{Ed}——计算点的局部剪应力设计值。

尽管提供了式(*6.1*)，但对于大多数设计工况使用*第6 章*中给出的交互表达式则更有效。因为这些表达式是基于现成的力和弯矩，更便于使用。

6.2.2　截面特性

一般规定

条款6.2.2

条款6.2.2 包括截面特性的计算。规定了毛面积和净面积的确定、易受剪力滞和局部屈曲影响的截面(4 类构件)的有效特性以及具有 3 类腹板和 1 类或 2 类翼缘的截面被归类为(有效)2 类截面的特殊情况下的有效特性。

毛面积和净面积

截面的毛面积是用通常的方法定义的，并使用公称尺寸。对于紧固件孔洞毛面积不折减，但对于较大的开口则需要考虑，例如用于检修的孔洞。请注意 Eurocode 3 使用通用术语"紧固件"来覆盖螺栓、铆钉和销轴。

EN 1993-1-1 中计算净截面的方法与 BS 5950 第 1 部分中的方法基本相同，但对于两肢上有紧固件孔洞的角钢略有不同。一般情况下，截面的净面积是毛截面扣减紧固件孔洞和其他开口后的面积。

对于非错列布置的紧固件，如图 6.1 所示，应扣除的面积应取穿过孔的中心并垂直于构件轴线的直线(*A-A*)上孔的截面积之和。

对于错列布置的紧固件，如图 6.2 所示，应扣除的总面积为以下两个面积中的较大面积：

1. 垂直于构件轴的任意直线(*A-A*)上孔的截面积；
2. 沿任意对角线或锯齿线(*A-B*)上孔的截面积：

$$t\left(nd_0 - \sum \frac{s^2}{4p}\right)$$

式中:s——两个连续孔的交错间距(见图 6.2);

p——垂直于杆件轴线的两个同样的孔的中心距离(见图 6.2);

n——构件上沿着任意对角线或锯齿线延伸的孔的数量;

d_0——孔的直径。

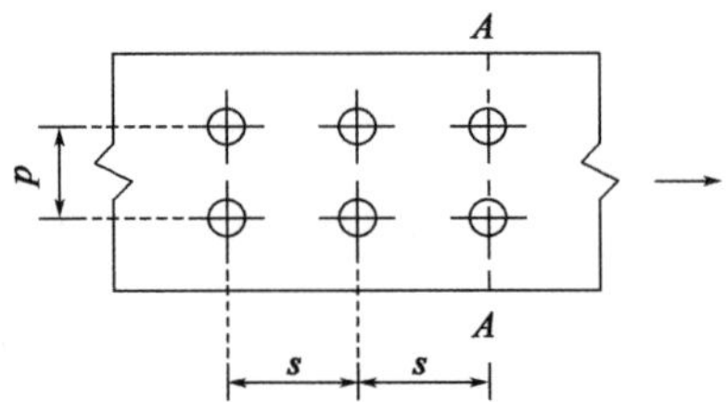

图 6.1　非错列布置的紧固件

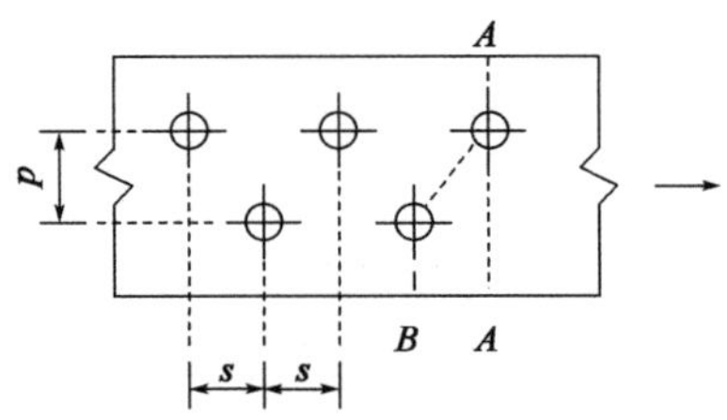

图 6.2　错列布置的紧固件孔洞

条款6.2.2.2(5)

条款6.2.2.2(5)指出,对于角钢或者其他构件,当螺栓孔不止布置在一个平面上时,间距 p 需要沿材料厚度中心进行测量(见图 6.3)。

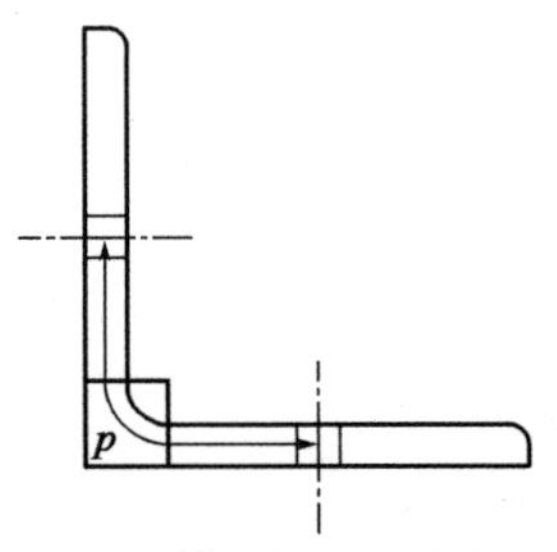

图 6.3　两肢开孔的角钢

由图 6.3 可知,间距 p 由两段直线和半径等于角半径加上材料厚度一半的一段曲线组成。BS 5950 第 1 部分将间距 p 定义为背部测量的和,这将导致略微高的数值。

考虑剪力滞后和局部屈曲效应的有效面积

Eurocode 3 采用了有效面积的概念来考虑剪力滞后(对于平面内刚度较低的宽受压翼缘)和局部屈曲(对于薄受压板件)的影响。

为了区分由于局部屈曲造成的截面损失和由于剪力滞后造成的截面损失(实际上是由于这两种效应的组合),Eurocode 3 对“有效”一词采用如下的上标约定:

- “有效^p”是和局部屈曲效应相关的;
- “有效^s”是和剪力滞后相关的;

■ “有效”是和局部屈曲与剪力滞后组合效应相关的。

这个约定见 Eurocode 3 第 1-5 部分的条款 1.3.4。

剪力滞后

对于受剪力滞后效应影响的宽翼缘的有效宽度的计算在 Eurocode 3 的第 1-5 部分热轧和焊接截面与第 1-3 部分冷成型构件截面中都有涉及(尽管设计人员经常会直接被索引到第 1-5 部分中)。

第 1-5 部分指出当翼缘宽度 $b_0 < L_e/50$ 时,翼缘剪力滞后效应可以忽略。L_e为弯矩为 0 的点之间的距离,翼缘宽度 b_0的定义为外伸宽度(从腹板中心线到翼缘端)或内侧板件宽度的一半(腹板中心线之间宽度的一半)。在极限状态下,由于翼缘截面内应力的塑性重分布,极限值可以放宽,当 $b_0 < L_e/20$ 时,剪力滞后效应可以忽略。考虑到剪力滞后效应很少在传统的建筑结构中出现,因此不再做过多讨论。

局部屈曲——4 类截面

考虑局部屈曲(在某些情况下是剪力滞后效应)的 4 类截面有效截面特性的相关信息在***条款6.2.2.5*** 给出。从毛截面到有效截面,中性轴可能出现偏移,从而引起附加弯矩,这种情况也在这部分进行了介绍,更加详细的信息可以查看本指南的 6.2.4。 *条款6.2.2.5*

4 类截面受压单元的有效面积,对于热轧和焊接截面可依据 Eurocode 3 的第 1-5 部分确定,冷成型构件截面可以依据 Eurocode 3 的第 1-3 部分确定,空心截面可以依据第 1-6 部分确定。对于热轧型钢和钢板梁的要求的表达式如下。对于大多数冷成型型材可以参考从第 1-3 部分到第 1-5 部分,表达式同样给出。而对于具有更加复杂几何形状的冷成型截面,Eurocode 3 在第 1-3 部分给出了替代方法,相关内容在本指南的第 13 章中介绍。

平面受压单元的有效面积 $A_{c,eff}$根据 EN 1993-1-5 的条款 4.4 定义为受压单元的毛面积 A_c乘以折减系数 ρ(ρ 必须小于等于 1),如下所示。

$$A_{c,eff} = \rho A_c \tag{D6.1}$$

对于内部受压单元:

$$\rho = \frac{\bar{\lambda}_p - 0.055(3+\psi)}{\bar{\lambda}_p^2} \quad 但 \leqslant 1.0 \tag{D6.2}$$

对于外伸受压单元:

$$\rho = \frac{\bar{\lambda}_p - 0.188}{\bar{\lambda}_p^2} \quad 但 \leqslant 1.0 \tag{D6.3}$$

其中

$$\bar{\lambda}_p = \sqrt{\frac{f_y}{\sigma_{cr}}} = \frac{\bar{b}/t}{28.4\varepsilon\sqrt{k_\sigma}}$$

$$\varepsilon = \sqrt{235/f_y}$$

式中:ψ——受压单元两端的应力比(与 EN 1993-1-5 条款 4.4(3) 和条款4.4(4)一致);

$\bar{b}$——相关宽度,取值如下:

b_w——腹板高度,取两焊缝或倒角间净距;

b——对于内部翼缘单元,按表5.2(第 1 栏)的 c 取值;

$b-3t$——矩形空心截面的翼缘宽度;

c——外伸翼缘长度,取焊缝或倒角至翼缘端部的净距;

h——等边或不等边角钢的宽度,见 表5.2(第 3 栏);

k_σ——屈曲系数,依赖于受压单元的应力分布和边界条件(后续讨论);

t——厚度;

σ_{cr}——弹性屈曲临界应力。

请注意,式(D6.2)和式(D6.3)适用于薄受压单元。由于公式的形式,对于厚实单元折减系数 ρ 也是小于 1 的,这点显然不是故意的。折减系数 ρ 与内部单元和外伸单元纯压下的比率 $\bar{b}/t$ 的关系如图 6.4 所示。

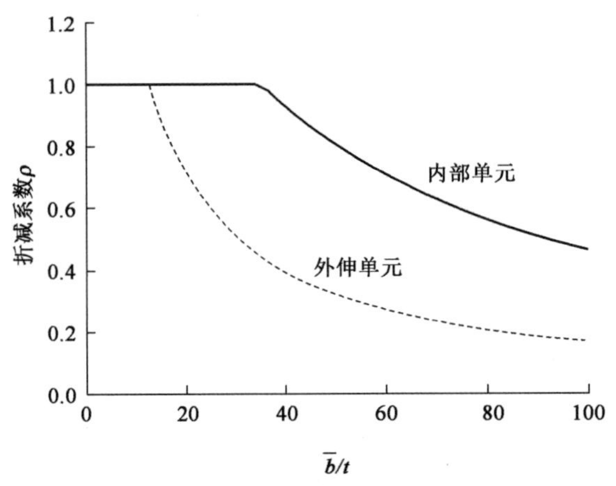

图 6.4 折减系数 ρ 与 $\bar{b}/t$ 关系

板的长细比 $\bar{\lambda}_p$ 的定义包括屈曲系数 k_σ,这样可以包括不同的压应力分布和不同的边界条件。

确定 k_σ 的第一步是考虑单元的边界条件(即是否是内部或外伸受压单元)。对于内部受压单元,k_σ 按表 6.2(EN 1993-1-5 的表 4.1)确定,对于外伸受压单元,k_σ 按表 6.3(EN 1993-1-5 的表 4.2)确定。

其次,要考虑单元上的应力分布,由 ψ 定义,其为端部应力的比值。对于大多数纯压情况,端部应力相等(即 $\sigma_2 = \sigma_1$),因此 $\psi = 1.0$。对于纯弯,端部应力数值相等、方向相反(即 $\sigma_2 = -\sigma_1$),因此 $\psi = -1.0$。屈曲系数 k_σ 与 ψ 有关(ψ 值最低为 -3),在表 6.2 和表 6.3 中给出。

EN 1993-1-5 的条款 4.4 给出了关于 I 形截面和箱形截面梁的附加规定。

内部受压单元的 k_σ 值(EN 1993-1-5 的表4.1)　　　　表6.2

应力分布(压为正)	有效宽度 b_{eff}
σ_1 σ_2 b_{e1} b_{e2} $\bar{b}$	$\psi=1$: $b_{eff}=\rho\bar{b}$ $b_{e1}=0.5b_{eff}$ $b_{e2}=0.5b_{eff}$
σ_1 σ_2 b_{e1} b_{e2} $\bar{b}$	$1>\psi\geqslant0$: $b_{eff}=\rho\bar{b}$ $b_{e1}=\dfrac{2}{5-\psi}b_{eff}$ $b_{e2}=b_{eff}-b_{e1}$
b_c b_t σ_1 σ_2 b_{e1} b_{e2} $\bar{b}$	$\psi<0$: $b_{eff}=\rho b_c=\rho\bar{b}/(1-\psi)$ $b_{e1}=0.4b_{eff}$ $b_{e2}=0.6b_{eff}$

$\psi=\sigma_2/\sigma_1$	1	$1>\psi>0$	0	$0>\psi>-1$	-1	$-1>\psi>-3$
屈曲系数 k_σ	4.0	$8.2/(1.05+\psi)$	7.81	$7.81-6.29\psi+9.78\psi^2$	23.9	$5.98(1-\psi)^2$

外伸受压单元的 k_σ 值(EN 1993-1-5 的表4.2)　　　　表6.3

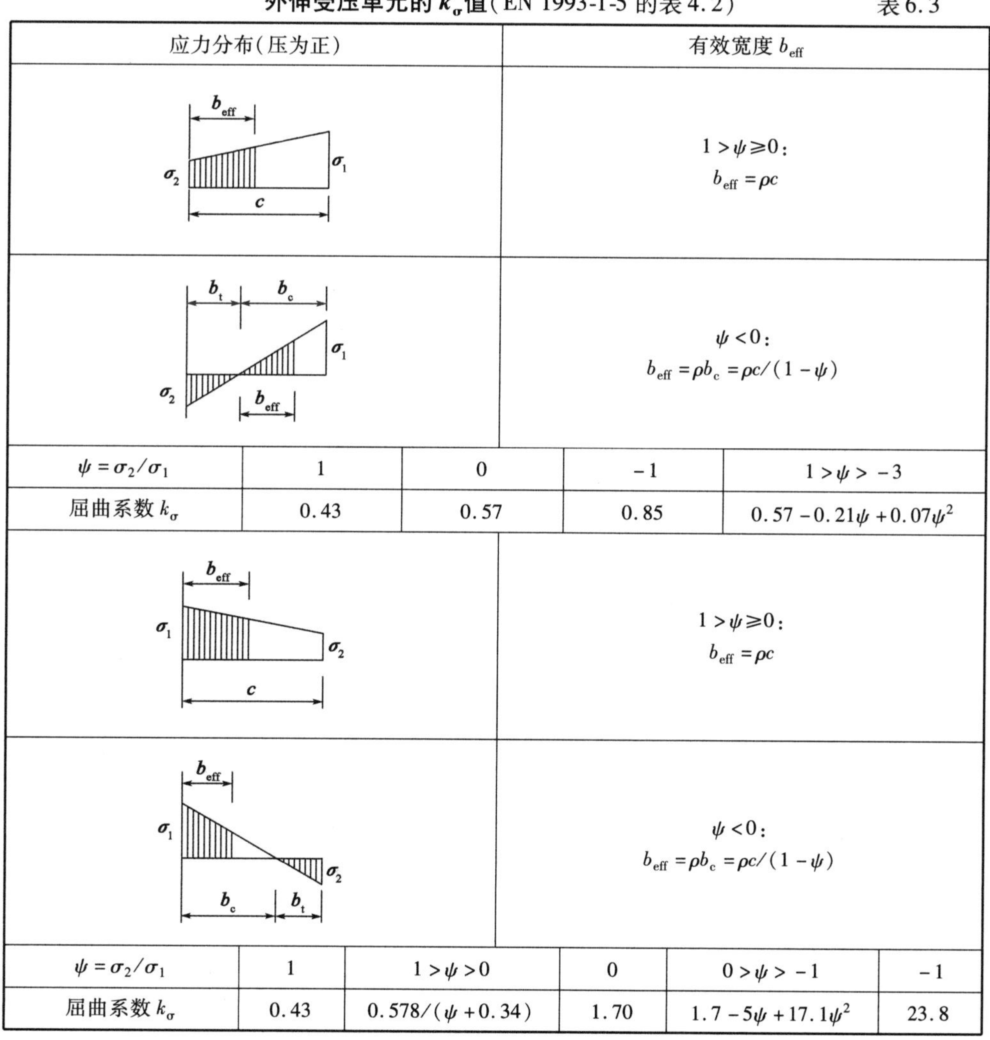

应力分布(压为正)	有效宽度 b_{eff}
b_{eff} σ_2 σ_1 c	$1>\psi\geqslant0$: $b_{eff}=\rho c$
b_t b_c σ_1 σ_2 b_{eff}	$\psi<0$: $b_{eff}=\rho b_c=\rho c/(1-\psi)$

$\psi=\sigma_2/\sigma_1$	1	0	-1	$1>\psi>-3$
屈曲系数 k_σ	0.43	0.57	0.85	$0.57-0.21\psi+0.07\psi^2$

应力分布(压为正)	有效宽度 b_{eff}
b_{eff} σ_1 σ_2 c	$1>\psi\geqslant0$: $b_{eff}=\rho c$
b_{eff} σ_1 σ_2 b_c b_t	$\psi<0$: $b_{eff}=\rho b_c=\rho c/(1-\psi)$

$\psi=\sigma_2/\sigma_1$	1	$1>\psi>0$	0	$0>\psi>-1$	-1
屈曲系数 k_σ	0.43	$0.578/(\psi+0.34)$	1.70	$1.7-5\psi+17.1\psi^2$	23.8

■ 对于翼缘单元,应力比 ψ 的确定基于毛截面特性(考虑剪力滞后的影响)。

■ 对于腹板单元,应力比 ψ 的确定基于根据受压翼缘有效面积和腹板毛面积计算得出的应力分布(见图 6.5)。

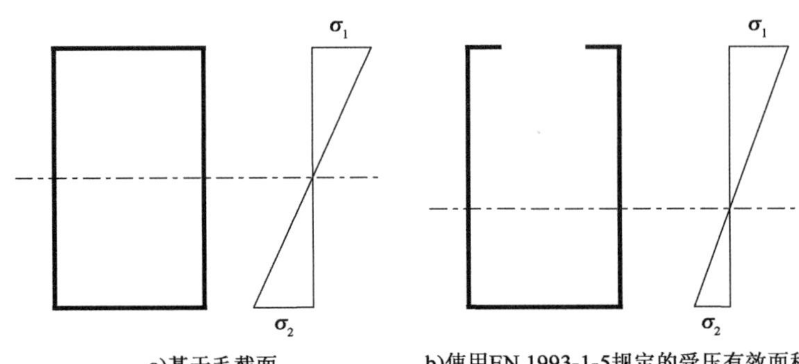

图 6.5 腹板应力比 ψ 的确定

具有 3 类腹板和 1 类或 2 类翼缘的截面的有效截面特性

上一小节讲述了如何确定 4 类截面的有效截面特性。这一小节介绍具有 3 类腹板和 1 类或 2 类翼缘的截面的特殊规定。

一般情况下,3 类截面(其中最细长的单元为 3 类截面)假定应力为弹性分

条款5.5.2(11) 布,并可利用弹性模量 W_{el} 计算其抗弯承载力。然而,Eurocode 3(***条款5.5.2(11)***和

条款6.2.2.4 ***条款6.2.2.4***)特别考虑了具有 3 类腹板和 1 类或 2 类翼缘的截面,允许将这些截面划分为有效的 2 类截面。通过忽略腹板受压部分来确定腹板其余部分的塑性截面特性。规定有效部分不使用与长细比相关的折减系数 ρ,因此相对简单。

条款6.2.2.4 ***条款6.2.2.4*** 规定腹板受压部分应替换为与受压翼缘相邻的 $20\varepsilon t_w$(从角半径的下端开始测量)外加靠近塑性中性轴的 $20\varepsilon t_w$,如图 6.6 所示。对于焊接截面同样适用。

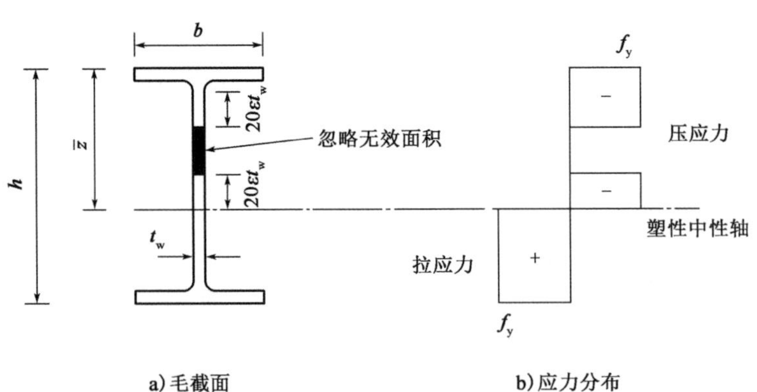

图 6.6 2 类截面腹板

算例 6.3 给出了具有 1 类翼缘和 3 类腹板的截面的抗弯承载力计算,并比较了采用弹性截面(即假定为 3 类截面)和采用等效塑性截面的区别。

6.2.3 受拉作用

构件的抗拉承载力在***条款6.2.3***中进行了介绍。拉力设计值标记为 N_{Ed}（轴向效应设计值）。类似于规范 BS 5950 第 1 部分，Eurocode 3 定义的抗拉承载力设计值 $N_{t,Rd}$受到毛截面屈服（防止构件过度变形）或者净截面拉断（紧固件孔洞）的限制，以较小值为准。 ***条款6.2.3***

Eurocode 3 中针对毛截面屈服（塑性承载力）的表达式为：

$$N_{pl,Rd}=\frac{Af_y}{\gamma_{M0}} \tag{6.6}$$

而对于净截面（***条款6.2.2.2***）的极限承载力，Eurocode 3 定义其表达式为： ***条款6.2.2.2***

$$N_{u,Rd}=\frac{0.9A\ f_{net}f_u}{\gamma_{M2}} \tag{6.7}$$

抗拉承载力设计值取上述两个结果中的较小值。对于延性设计（能力设计），毛截面的承载力设计值应小于净截面的极限承载力设计值。

强度模型式（6.7）中的系数0.9是根据大量净截面破坏试验（ECCS，1990）统计分析得到的。包含的系数0.9使得分项系数 γ_M能与其连接部分的承载力分项系数相协调。因此分项系数 $\gamma_{M2}=1.25$ 用于净截面极限承载力。虽然在英国国家附件中将板破坏的 γ_{M2}设置为1.1，但是 $\gamma_{M2}=1.25$ 仍保留在第1-8部分中以考虑其连接部分。

算例6.1给出了搭接连接的抗拉承载力计算。本指南第12章包含了节点内容和 EN 1993-1-8 的规定。

算例6.1 抗拉承载力

一根宽200mm、厚25mm的扁钢要用作拉杆。安装条件要求用6个M20螺栓的搭接接头连接两个扁钢，如图6.7所示。计算扁钢的抗拉强度，假设为S275钢。

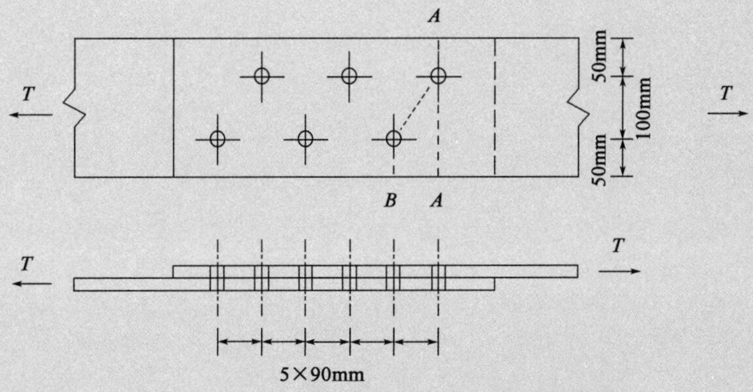

图6.7 采用交错螺栓错列布置的受拉构件搭接连接

条款6.2.3中包含了截面抗拉承载力，截面特性的计算参照***条款6.2.2***。 ***条款6.2.3***

材料公称厚度 $t=25$mm，介于16～40mm之间，根据 EN 10025-2，其屈服强度 f_y和极限抗拉强度 f_u分别为265N/mm²和430N/mm²。 ***条款6.2.2***

条款NA. 2. 15

根据英国国家附件**条款*NA. 2. 15***,所需的分项系数名义值为 $\gamma_{M0} = 1.00$ 和 $\gamma_{M2} = 1.10$。

毛截面面积:

$A = 25 \times 200 = 5000\text{mm}^2$

在确定净面积 A_{net}时,扣除的总面积取以下大值:

1. 非错列孔折减(A-A) $= 22 \times 25 = 550\text{mm}^2$

2. $t\left(nd_0 - \Sigma\dfrac{s^2}{4p}\right) = 25 \times \left(2 \times 22 - \dfrac{90^2}{4 \times 100}\right) = 594\text{mm}^2$　　$(>550\text{mm}^2)$

因此,截面净面积:

$A_{net} = 5000 - 594 = 4406\text{mm}^2$

毛截面的塑性承载力设计值:

$$N_{pl,Rd} = \frac{5000 \times 265}{1.00} = 1325\text{kN}$$

净截面极限承载力设计值:

$$N_{u,Rd} = \frac{0.9 \times 4406 \times 430}{1.10} = 1550\text{kN}$$

抗拉承载力 $N_{t,Rd}$取 $N_{pl,Rd}$(1325kN) 和 $N_{u,Rd}$(1550kN)中的较小值。

$\therefore N_{t,Rd} = 1325\text{kN}$

6.2.4　受压作用

条款6. 2. 4

截面抗压承载力由**条款*6. 2. 4***规定。当然,这个规定忽略了构件的整体屈曲效应,因此只适用于验算低长细比的构件($\bar{\lambda} \leqslant 0.2$)。对于其他情况,仍需要根据**条款*6. 3***验算构件的屈曲性能。

条款6. 3

压力设计值由 N_{Ed}(轴向效应设计值)表示。截面在均匀压力下的承载力 $N_{c,Rd}$设计方法与 BS 5950 第 1 部分类似。Eurocode 3 在均匀压力下的截面承载力表达式如下:

对于 1、2、3 类截面　　$N_{c,Rd} = \dfrac{Af_y}{\gamma_{M0}}$　　*(6.10)*

对于 4 类截面　　$N_{c,Rd} = \dfrac{A_{eff}f_y}{\gamma_{M0}}$　　*(6.11)*

对于 1 类、2 类和 3 类截面,抗压承载力设计值取毛截面积乘以材料名义屈服强度并除以分项系数 γ_{M0},这个公式同样适用于 4 类截面,但需要用有效截面面积代替毛截面面积。在计算抗压截面面积时,除了大尺寸或开槽的孔外,不需扣除紧固件孔洞(有紧固件的地方)。

算例 6.2　截面抗压承载力

短受压的构件采用 254 ×254 ×73 UKC 截面。假定钢材牌号为 S355,计算截面抗压承载力。

截面特性

截面特性如图 6.8 所示。

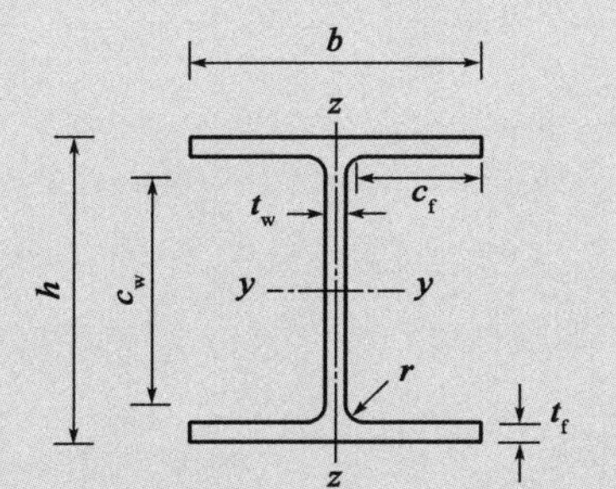

图 6.8　254 × 254 × 73 UKC 截面特性

截面抗压承载力按***条款 6.2.4*** 确定，截面分类按***条款 5.5.2*** 确定。　*条款 6.2.4*

材料公称厚度（$t_f = 14.2\text{mm}$ 和 $t_w = 8.6\text{mm}$）小于或等于 16mm，则对于 S355 钢，根据 EN 10025-2，其名义屈服强度 f_y 为 355N/mm^2。　*条款 5.5.2*

截面分类（*条款 5.5.2*）　*条款 5.5.2*

$\varepsilon = \sqrt{235/f_y} = \sqrt{235/355} = 0.81$

外伸翼缘（表 5.2，第 2 栏）：

$c_f = (b - t_w - 2r)/2 = 110.3\text{mm}$

$c_f/t_f = 110.3/14.2 = 7.77$

2 类翼缘限值 $= 10\varepsilon = 8.14$

$8.14 > 7.77$　∴ 翼缘属于 2 类截面。

内部受压腹板（表 5.2，第 1 栏）：

$c_w = h - 2t_f - 2r = 200.3\text{mm}$

$c_w/t_w = 200.3/8.6 = 23.29$

1 类腹板限值 $= 33\varepsilon = 26.85$

$26.85 > 23.29$　∴ 腹板属于 1 类截面。

因此整个截面分类属于 2 类截面。

截面抗压承载力（*条款 6.2.4*）　*条款 6.2.4*

对于 1 类、2 类或 3 类截面

$$N_{c,Rd} = \frac{Af_y}{\gamma_{M0}} \tag{6.10}$$

根据英国国家附件***条款 NA.2.15***，$\gamma_{M0} = 1.00$。　*条款 NA.2.15*

截面抗压承载力设计值：

$N_{c,Rd} = \dfrac{9310 \times 355}{1.00} = 3305\text{kN}$

在轴力作用下,非对称4类截面重心位置与有效截面形心轴可能不重合。这将导致截面产生弯矩,其大小等于作用力乘以偏心距离 e_N。附加弯矩必须通过在压弯作用下设计截面来考虑,见***条款6.2.9***。本指南的6.3.1中详细介绍了该附加弯矩。

条款6.2.9

6.2.5 受弯作用

条款6.2.5
条款6.3.2

梁在平面内弯曲且不考虑侧向扭转的截面抗弯承载力计算见***条款6.2.5***。考虑扭转屈曲效应的验算见***条款6.3.2***。然而忽略侧向扭转屈曲的情况很常见。在以下情况中,构件强度验算基于梁在平面内弯曲且忽略侧向扭转屈曲时的强度:

- 梁的受压翼缘具有足够的侧向约束;
- 弱轴受弯;
- 具有较大侧向扭转刚度的截面,例如方形或圆形空心截面;
- 无量纲侧向扭转长细比 $\overline{\lambda}_{LT} \leqslant 0.2$(或某些情况下 $\overline{\lambda}_{LT} \leqslant 0.4$(见***条款****6.3.2.3*))。

条款6.3.2.3

弯矩设计值用 M_{Ed}(弯矩设计效应)表示。截面沿一个主轴弯曲时承载力设计值 $M_{c,Rd}$的确定方法类似于 BS 5950 第1部分。

Eurocode 3 对所有截面模量符号都采用 W。下标用于区分塑性、弹性或有效截面模量(分别为 W_{pl}、W_{el}或 W_{eff})。分项系数 γ_{M0}用于所有截面抗弯承载力。与 BS 5950 第1部分一样,1类和2类截面承载力计算基于全塑性截面模量,3类截面承载力计算基于弹性截面模量,4类截面承载力计算基于有效截面模量。设计表达式如下:

对于1类、2类截面
$$M_{c,Rd} = \frac{W_{pl} f_y}{\gamma_{M0}} \tag{6.13}$$

对于3类截面
$$M_{c,Rd} = \frac{W_{el,min} f_y}{\gamma_{M0}} \tag{6.14}$$

对于4类截面
$$M_{c,Rd} = \frac{W_{eff,min} f_y}{\gamma_{M0}} \tag{6.15}$$

其中下标"min"表示使用 W_{el}或 W_{eff}的最小值,即弹性截面模量或有效截面模量计算基于其最外侧纤维首次屈服。

算例6.3 截面抗弯承载力

对一个焊接I形截面进行抗弯设计。如本指南6.2.2所述,选定的截面可被归类为有效2类截面。选用S275钢,上、下翼缘尺寸为200mm×16mm,腹板尺寸为600mm×6mm。焊缝尺寸(焊脚)s 为6.0mm,在完全侧向约束条件下,计算抗弯承载力。

截面特性

截面尺寸如图6.9所示。

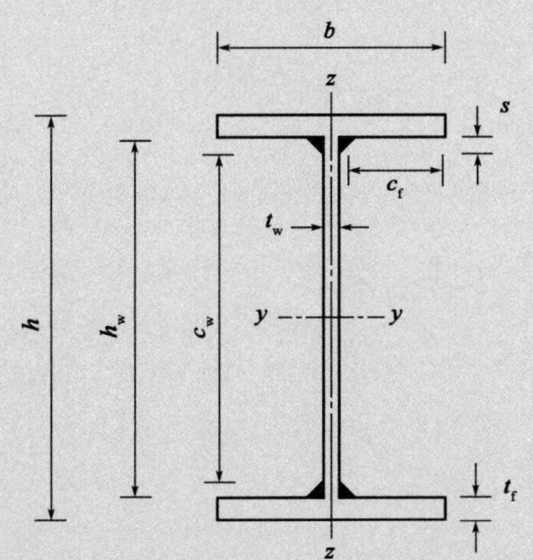

图6.9 焊接I形截面尺寸

材料名义厚度（t_f = 16.0mm 和 t_w = 6.0mm）小于或等于16mm，则根据EN 10025，S275钢名义屈服强度 f_y 为275N/mm²。根据***条款3.2.6***，E = 210000N/mm²。 条款3.2.6

截面分类（条款5.5.2） 条款5.5.2

$\varepsilon = \sqrt{235/f_y} = \sqrt{235/275} = 0.92$

外伸翼缘（表5.2，第2栏）：

$c_f = (b - t_w - 2s)/2 = 91.0\text{mm}$

$c_f/t_f = 91.0/16.0 = 5.69$

1类翼缘限值 $= 9\varepsilon = 8.32$

$8.32 > 5.69$ ∴ 翼缘属于1类截面。

内部受弯腹板（表5.2，第1栏）：

$c_w = h - 2t_f - 2s = 556.0\text{mm}$

$c_w/t_w = 556.0/6.0 = 92.7$

3类腹板限值 $= 124\varepsilon = 114.6$

$114.6 > 92.7$ ∴ 腹板为3类截面。

因此整个截面分类属于3类。

根据***条款6.2.2.4***，具有3类腹板和1类或2类翼缘的截面可以归类为有效2类截面。 条款6.2.2.4

有效2类截面的截面特性（条款6.2.2.4）

有效截面的塑性中性轴

有效截面的塑性中性轴高度 $\bar{z}$ 如图6.10所示（基于上下面积相等确定中性轴）：

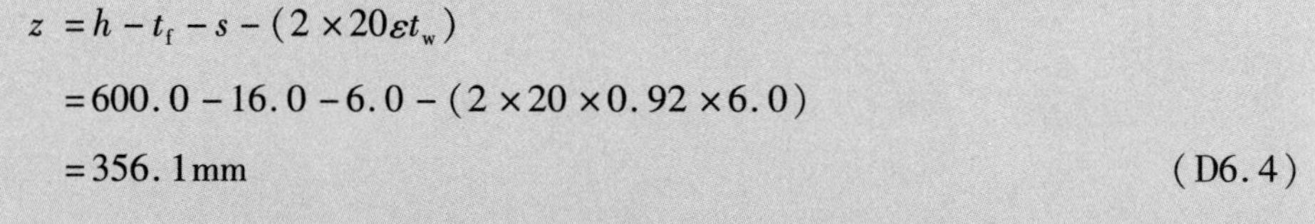

$$\bar{z} = h - t_f - s - (2 \times 20\varepsilon t_w)$$
$$= 600.0 - 16.0 - 6.0 - (2 \times 20 \times 0.92 \times 6.0)$$
$$= 356.1\text{mm} \qquad (D6.4)$$

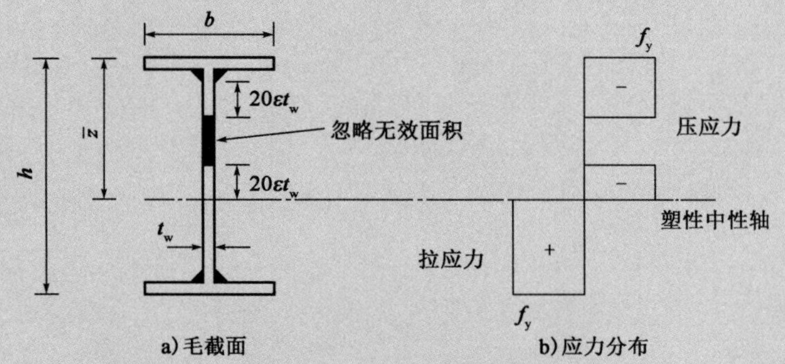

图 6.10 I 形截面有效 2 类截面特性

等效截面塑性模量

$$W_{pl,y,eff} = bt_f(h - t_f) + t_w\{(20\varepsilon t_w + s)[\bar{z} - t_f - (20\varepsilon t_w + s)/2]\} + t_w(20\varepsilon t_w \times 20\varepsilon t_w/2) + t_w[(h - t_f - \bar{z})(h - t_f - \bar{z})/2]$$
$$= 2259100\text{mm}^3$$

条款6.2.5 ***截面抗弯承载力(条款6.2.5)***

对于有效 2 类截面:

$$M_{c,y,Rd} = \frac{W_{pl,y,eff} f_y}{\gamma_{M0}}$$
$$= \frac{2259100 \times 275}{1.0}$$
$$= 621.3 \times 10^6 \text{N} \cdot \text{mm}$$
$$= 621.3\text{kN} \cdot \text{m}$$

基于弹性截面模量 $W_{el,y} = 2124800\text{mm}^3$,截面抗弯承载力为 584.3kN · m。因此对于选定的截面采用有效 2 类截面的塑性截面特性可使其抗弯承载力大约提高 6%。

其他截面抗弯承载力的验算可见算例 6.5、6.8、6.9 和 6.10。

条款6.2.9 对于弯矩和轴力组合作用,双向受弯属于其中的特例(即轴力 $N_{ed} = 0$),可以参考***条款6.2.9***。

条款6.2.5(4) 条款6.2.5(5) 对于受弯截面的受压区(以及受均匀压力的截面),除了尺寸过大或开槽的孔外,不需要考虑紧固件孔(有紧固件的地方)。如果满足***条款6.2.5(4)***和***条款6.2.5(5)***的要求,则不用考虑在翼缘受拉和腹板受拉区域内的紧固件孔。

6.2.6 受剪作用

条款6.2.6 截面抗剪承载力见***条款6.2.6***。剪力设计值用 V_{Ed}(剪力设计效应)表示。截面的抗剪承载力设计值用 $V_{c,Rd}$表示,可以根据塑性($V_{pl,Rd}$)或弹性分布计算。基于纯弹性行为的矩形截面和 I 形截面剪应力分布如图 6.11 所示。

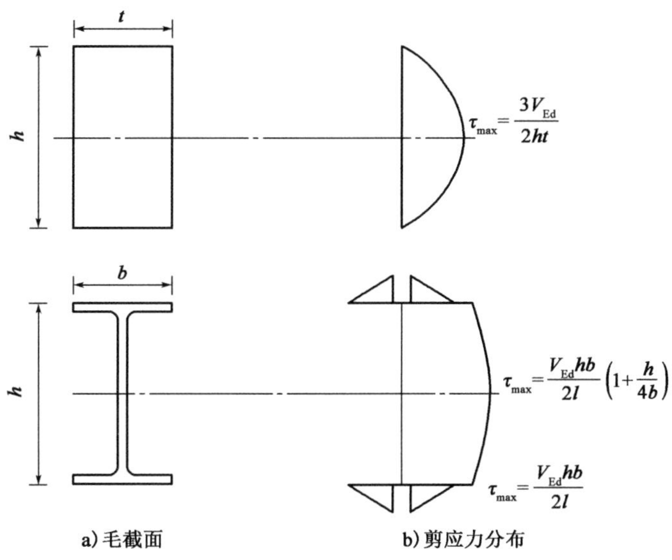

图 6.11　受剪力 V_{Ed} 作用时梁剪应力分布

在图 6.11 的情况中，剪应力都随截面高度变化，最大值出现在中性轴。但是对于 I 形截面（大多数传统的钢结构截面），腹板上的最大值和最小值相差较小，承担了绝大多数的竖向剪力，并允许一定程度的塑性应力重分布，设计时可以简化为平均应力，按全部剪力 V_{Ed} 除以腹板面积（或等效剪切面积 A_v）考虑。

由于钢材剪切屈服应力约为钢材拉伸屈服应力的 $1/\sqrt{3}$，根据***条款6.2.6(2)***，塑性抗剪承载力为： *条款6.2.6(2)*

$$V_{pl,Rd}=\frac{A_v(f_y/\sqrt{3})}{\gamma_{M0}} \tag{6.18}$$

这个塑性抗剪承载力适用于大多数的设计情况。

当截面的有效区域允许适量的塑性重分布，截面剪切区 A_v 将会发挥作用。而当荷载方向平行于腹板方向时，实际上是腹板（对于热轧截面也包括部分焊脚区域）承担剪力作用。对于一般结构用截面，剪切区的计算见***条款6.2.6(3)***。其中最为常用的计算方法如下所示。 *条款6.2.6(3)*

■ 热轧 I 形和 H 形截面，荷载平行于腹板：

$A_v=A-2bt_f+(t_w+2r)t_f$　但 $\geq \eta h_w t_w$

■ 热轧槽钢截面，荷载平行于腹板：

$A_v=A-2bt_f+(t_w+r)t_f$

■ 焊接 I 形、H 形和箱形截面，荷载平行于腹板：

$A_v=\eta h_w t_w$

■ 焊接 I 形、H 形、槽形和箱形截面，荷载平行于翼缘：

$A_v=A-h_w t_w$

■ 等厚度热轧矩形空心截面，荷载平行于高度：

$A_v = Ah/(b+h)$

■ 等厚度热轧矩形空心截面,荷载平行于宽度:

$A_v = Ab/(b+h)$

■ 等厚度圆形空心截面:

$A_v = 2A/\pi$

式中:A——截面面积;

b——整个截面的宽度;

h——整个截面的高度;

h_w——整个腹板的高度(两翼缘间);

r——倒角半径;

t_f——翼缘厚度;

t_w——腹板厚度(如果厚度不等,取最小值);

η——一个与剪切面积相关的系数,EN 1995-1-5 的英国国家附件

条款NA.2.4 **条款NA.2.4**规定,对于所有钢材取 1.00。

条款6.2.6(4)

条款6.2.6(2)

EN 1993-1-1 的条款6.2.6(4)还提供了用来验算截面弹性抗剪承载力的公式,其中剪应力分布是在假定弹性材料特性的情况下计算得出(见图 6.11)。这种验算仅适用于**条款6.2.6(2)**中没有规定的非常规截面,或者在需要避免出现塑性的情况下(比如荷载会重复发生逆转的情况下)。

腹板受剪屈曲承载力同样需要验算,尽管这对于标准的热轧型钢截面影响不大。当满足以下条件时无须考虑剪切屈曲:

对于未设加劲肋的腹板 $\dfrac{h_w}{t_w} \leqslant 72\dfrac{\varepsilon}{\eta}$ (D6.5)

对于设加劲肋的腹板 $\dfrac{h_w}{t_w} \leqslant 31\dfrac{\varepsilon}{\eta}\sqrt{k_\tau}$ (D6.6)

式中:$\varepsilon = \sqrt{\dfrac{235}{f_y}}$;

k_τ——EN 1993-1-5 附录 A.3 中的受剪屈曲系数。

对于不满足式(D6.5)和式(D6.6)的截面,应参考 EN 1993-1-5 条款 5.2,确

条款6.2.7(9) 定受剪屈曲承载力。**条款6.2.7(9)**规定了剪扭作用下的规则。

算例 6.4 抗剪承载力

确定热轧槽钢 229×89 的抗剪承载力,钢材为 S275,荷载平行于腹板。

截面特性

截面特性见图 6.12。

材料公称厚度(t_f = 13.3mm 和 t_w = 8.6mm)小于或等于 16mm,则对于 S275 钢,根据 EN 10025-2,其名义屈服强度 f_y 为 275N/mm^2。

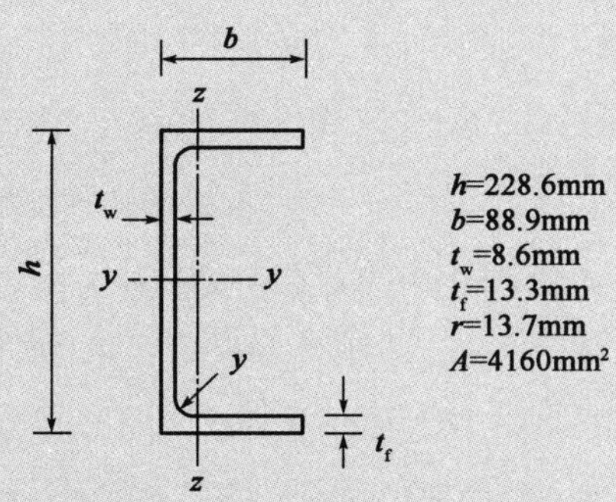

图6.12 229×89mm热轧槽钢截面特性

抗剪承载力(条款6.2.6)

根据***条款6.2.6***确定抗剪承载力。 *条款6.2.6*

$$V_{pl,Rd} = \frac{A_v(f_y/\sqrt{3})}{\gamma_{M0}} \tag{6.18}$$

根据英国国家附件***条款NA.2.15***，$\gamma_{M0}=1.00$。 *条款NA.2.15*

剪切面积 A_v

荷载平行于腹板的热轧槽钢截面剪切面积如下：

$$\begin{aligned}A_v &= A - 2bt_f + (t_w + r)t_f \\ &= 4160 - (2\times 88.9\times 13.3) + (8.6+13.7)\times 13.3 \\ &= 2092\text{mm}^2\end{aligned}$$

$$\therefore V_{pl,Rd} = \frac{2092\times(275/\sqrt{3})}{1.00} = 332000\text{N} = 332\text{kN}$$

剪切屈曲

满足以下条件时，则无须考虑剪切屈曲：

对于非加劲腹板 $\dfrac{h_w}{t_w} \leqslant 72\dfrac{\varepsilon}{\eta}$

$$\varepsilon = \sqrt{235/f_y} = \sqrt{235/275} = 0.92$$

根据EN 1993-1-5的英国国家附件***条款NA.2.4***，$\eta=1.0$。 *条款NA.2.4*

$$72\frac{\varepsilon}{\eta} = 72\times\frac{0.92}{1.0} = 66.6$$

$$h_w/t_w = (h-2t_f)/t_w = [228.6-(2\times 13.3)]/8.6 = 23.5$$

$23.5 \leqslant 66.6$ ∴不必验算剪切屈曲。

结论

钢材牌号为S275，荷载平行于腹板时，热轧槽钢229×89的抗剪承载力为332kN。

6.2.7　受扭作用

条款6.2.7 规定了截面的抗扭承载力。扭转荷载可能由两种方式引起:一是施加扭矩(纯扭)或施加的横向荷载与截面的剪心之间出现偏心(扭转加弯曲)。

条款6.2.7
条款6.2.8
条款6.2.10

在工程结构中大多为后者,纯扭相对很少。**条款6.2.7**、***条款6.2.8*** 和***条款6.2.10*** 是关于扭矩组合其他效应的规定(弯矩、剪力、轴力)。

扭矩设计值 T_{Ed} 由两部分组成:圣维南扭转 $T_{t,Ed}$ 和翘曲扭转 $T_{w,Ed}$。

圣维南扭转是均匀扭转,其扭转角度沿构件长度是常量。在这种情况下,纵向翘曲变形(伴随扭转)也是常量,所施加的扭矩由分布在截面周围的一组剪应力抵抗。

翘曲扭转,其扭转角度沿构件长度不是常量,构件是非均匀扭转。此非均匀扭转可能由于非均匀荷载(即沿构件长度变化的扭矩)或由于存在纵向约束阻止翘曲变形造成的。对于非均匀扭转,存在纵向正应力和一组附加剪应力。

条款6.2.7(4)

因此,***条款6.2.7(4)*** 考虑了三种应力:

- 由圣维南扭转引起的剪应力 $\tau_{t,Ed}$。
- 由翘曲扭转引起的剪应力 $\tau_{w,Ed}$。
- 由翘曲引起的纵向正应力 $\sigma_{w,Ed}$。

条款6.2.7(6)
条款6.2.1(5)

根据截面分类,抗扭承载力可参考***条款6.2.7(6)*** 进行塑性验算,或采用式(*6.1*)屈服准则进行弹性验算(见***条款6.2.1(5)***)。对于受扭构件设计的详细指导见 Trahair 等(2008)的著作。

条款6.2.7(7)

条款6.2.7(7) 允许使用简化的扭转构件设计方法。对于扭转刚度较大的闭口截面(如圆形和矩形空心截面)构件,扭转以圣维南扭转为主,翘曲扭转可忽略不计。相反,对于开口截面,如 I 形或 H 形截面,其扭转刚度较低,则可以忽略圣维南扭转。

条款6.2.7(9)

对于扭剪作用下的情况,***条款6.2.7(9)*** 定义了折减的塑性抗剪承载力 $V_{pl,T,Rd}$,该值必须大于剪力设计值 V_{Ed}。

$V_{pl,T,Rd}$ 可从式(*6.26*)~式(*6.28*)得到:

- 对于 I 形或 H 形截面:

$$V_{pl,T,Rd}=\sqrt{1-\frac{\tau_{t,Ed}}{1.25(f_y/\sqrt{3})/\gamma_{M0}}}V_{pl,Rd} \tag{6.26}$$

- 对于槽形截面:

$$V_{pl,T,Rd}=\left(\sqrt{1-\frac{\tau_{t,Ed}}{1.25(f_y/\sqrt{3})/\gamma_{M0}}}-\frac{\tau_{w,Ed}}{(f_y/\sqrt{3})/\gamma_{M0}}\right)V_{pl,Rd} \tag{6.27}$$

- 对于管截面:

$$V_{pl,T,Rd}=\left(1-\frac{\tau_{t,Ed}}{(f_y/\sqrt{3})/\gamma_{M0}}\right)V_{pl,Rd} \tag{6.28}$$

条款6.2.6

其中,$\tau_{t,Ed}$ 和 $\tau_{w,Ed}$ 定义如上,$V_{pL,Rd}$ 可从***条款6.2.6*** 中得到。

6.2.8　弯矩和剪力共同作用

在结构构件上同时作用弯矩和剪力是常见的情况。在大多数情况下(特别是当采用标准热轧截面时),剪力对抗弯承载力的影响可以忽略不计。***条款6.2.8(2)***规定,如果施加的剪力小于截面塑性抗剪承载力的一半,则可忽略其对抗弯承载力的影响。这方面的例外情况是,受剪屈曲会降低截面承载力,此时需要考虑剪力的影响,如本指南 6.2.6 所述。 *条款6.2.8(2)*

若施加的剪力大于截面塑性抗剪承载力的一半,当计算抗弯承载力时,对于剪切面积,应采用式(6.29)所示的折减设计强度进行计算:

$$f_{yr} = (1-\rho)f_y \tag{6.29}$$

其中,ρ 见式(D6.7)。

$$\rho = \left(\frac{2V_{Ed}}{V_{pl,Rd}} - 1\right)^2 \quad (\text{其中 } V_{Ed} > 0.5V_{pl,Rd}) \tag{D6.7}$$

$V_{pl,Rd}$可根据***条款6.2.6***得到,当扭矩存在时,$V_{pl,Rd}$应替换为由***条款6.2.7***得到的 $V_{pl,T,Rd}$。 *条款6.2.6* *条款6.2.7*

由式(6.29)来计算剪切面积的折减设计强度有些烦琐,可采用式(6.30)替代,其适用于通常绕强轴受弯的等翼缘 I 形截面,此时受剪折减后的塑性抗弯承载力可由下式计算:

$$M_{y,V,Rd} = \frac{(W_{pl,y} - \rho A_w^2/4t_w)f_y}{\gamma_{M0}} \quad \text{但是 } M_{y,V,Rd} \leqslant M_{y,c,Rd} \tag{6.30}$$

其中 ρ 由式(D6.7)定义,$M_{y,c,Rd}$可以根据***条款6.2.5***和 $A_w = h_w t_w$ 获得。在算例 6.5 中给出了弯剪组合作用下的截面承载力计算方法的应用实例。 *条款6.2.5*

算例 6.5　弯剪作用下的截面承载力

S275 钢材的 406×178×74 UKB 截面是否能够满足图 6.13 所示荷载条件下的承载要求。

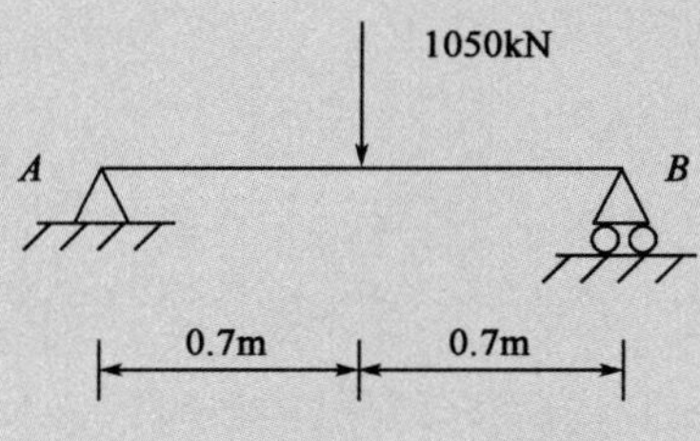

图 6.13　结构布置与荷载布置

按图 6.13 中的布置,最大剪力设计值 V_{Ed}为 525kN,最大弯矩设计值 M_{Ed}为 367.5kN·m。

评估 406×178×74 UKB 截面采用 S275 钢材是否能满足要求。

截面特性

截面特性见图 6.14。

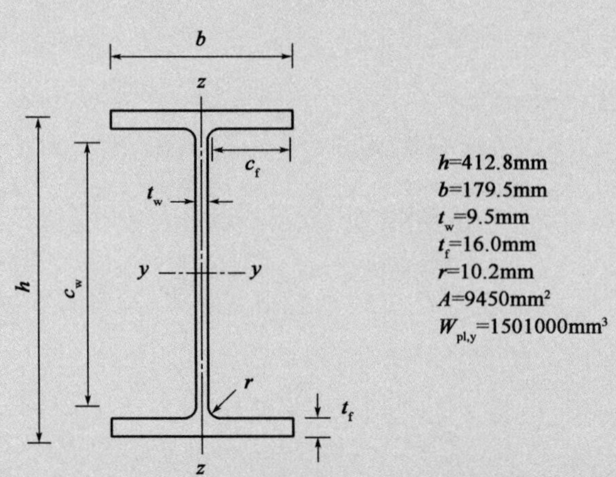

图 6.14　406 × 178 × 54 UKB 截面特性

材料公称厚度(t_f = 16.0mm 和 t_w = 9.5mm)小于或等于 16mm,则对于 S275 钢,根据 EN 10025-2,其名义屈服强度 f_y 为 275N/mm²。

条款3.2.6 根据***条款3.2.6***:

$E = 210000\ \text{N/mm}^2$

条款5.5.2 ***截面分类(条款5.5.2)***

$\varepsilon = \sqrt{235/f_y}\ \sqrt{235/275} = 0.92$

外伸受压翼缘(表5.2,第 2 栏):

$c_f = (b - t_w - 2r)/2 = 74.8\text{mm}$

$c_f/t_f = 74.8/16.0 = 4.68$

1 类翼缘限值 $= 9\varepsilon = 8.32$

$8.32 > 4.68$　∴ 翼缘属于 1 类。

内部受弯腹板(表5.2,第 1 栏):

$c_w = h - 2t_f - 2r = 360.4\ \text{mm}$

$c_w/t_w = 360.4/9.5 = 37.94$

1 类腹板限值 $= 72\varepsilon = 66.56$

$66.56 > 37.94$　∴ 腹板属于 1 类。

因此整个截面分类为 1 类。

条款6.2.5 ***截面抗弯承载力(条款6.2.5)***

$$M_{c,y,Rd} = \frac{W_{pl,y} f_y}{\gamma_{M0}} \tag{6.13}$$

截面抗弯承载力:

$$M_{c,y,Rd} = \frac{1501 \times 10^3 \times 275}{1.00} = 412 \times 10^6 \text{Nmm} = 412\text{kN}\cdot\text{m}$$

412kN · m > 367.5kN · m　∴ 截面抗弯承载力满足要求。

截面抗剪承载力(条款6.2.6) 　条款6.2.6

$$V_{pl,Rd}=\frac{A_v(f_y/\sqrt{3})}{\gamma_{M0}} \qquad (6.18)$$

荷载平行于腹板的热轧I形截面剪切面积如下：

$A_v=A-2bt_f+(t_w+2r)t_f$ 　（但不小于 $\eta h_w t_w$）

根据EN 1993-1-5的英国国家附件***条款NA.2.4***，$\eta=1.0$。 　条款NA.2.4

$h_w=(h-2t_f)=412.8-(2\times16.0)=380.8\text{mm}$

$\therefore A_v=9450-(2\times179.5\times16.0)+[9.5+(2\times10.2)]\times16.0=4184\ \text{mm}^2$

（但不小于 $1.0\times380.8\times9.5=3618\text{mm}^2$）

$$V_{pl,Rd}=\frac{4184\times(275/\sqrt{3})}{1.00}=664300\text{N}=664.3\text{kN}$$

满足以下条件时，则无须考虑受剪屈曲：

对于未设加劲肋的腹板：

$$\frac{h_w}{t_w}\leqslant72\frac{\varepsilon}{\eta}$$

$$72\frac{\varepsilon}{\eta}=72\times\frac{0.92}{1.0}=66.6$$

$h_w/t_w=380.8/9.5=40.1$

$40.1\leqslant66.6$ 　∴ 不必验算受剪屈曲。

$664.3>525\ \text{kN}$ 　∴ 抗剪承载力满足要求。

弯剪作用下的截面承载力(条款6.2.8) 　条款6.2.8

所施加的剪力大于截面塑性抗剪承载力的一半，因此必须计算折减的抗弯承载力 $M_{y,V,Rd}$。对于I形截面（翼缘相等），绕强轴弯曲，可根据***条款6.2.8(5)***和式(*6.30*)计算 $M_{y,V,Rd}$。 　条款6.2.8(5)

$$M_{y,V,Rd}=\frac{(CW_{pl,y}-\rho A_w^2/4t_w)f_y}{\gamma_{M0}} \quad 但\ M_{y,V,Rd}\leqslant M_{y,c,Rd} \qquad (6.30)$$

$$\rho=\left(\frac{2V_{Ed}}{V_{pl,Rd}}-1\right)^2=\left(\frac{2\times525}{689.2}-1\right)^2=0.27 \qquad (D6.7)$$

$A_w=h_w t_w=380.8\times9.5=3617.6\text{mm}^2$

$$\Rightarrow M_{y,V,Rd}=\frac{(1501000-0.27\times3617.6^2/4\times9.5)\times275}{1.0}=386.8\text{kN}\cdot\text{m}$$

$386.8\text{kN}\cdot\text{m}>367.5\ \text{kN}\cdot\text{m}$ 　∴ 弯剪作用下的截面承载力满足要求。

结论

S275钢材的406×178×74 UKB截面能够满足图6.13所示荷载条件下的承载要求。

6.2.9　弯矩和轴力共同作用

条款6.2.9　在弯矩和轴力作用下截面设计按***条款6.2.9***进行,可以是单向弯矩也可以是双向弯矩,轴力可以是拉伸或压缩(在处理上没有区别)。在处理组合效应时,Eurocode 3 规定了 1 类和 2 类、3 类和 4 类截面的不同设计方法。

标准中的方法概述如下,对于 1 类和 2 类截面,基本原则是弯矩设计值应小于折减后的抗弯承载力(考虑轴力对弯矩的折减)。对于 3 类截面,组合作用所产生的最大纵向应力必须小于屈服应力,而对于 4 类截面,可采用相同的准则,但适用于根据有效截面特性计算的应力。

作为后续各节所列方法的保守替代方法,下面的式(*6.2*)给出了一个简单的
条款6.2.1(7)　线性相互作用表达式,可适用于所有截面(***条款6.2.1(7)***)。虽然 4 类截面的承载力必须基于有效截面,并考虑中性轴偏移导致的附加弯矩,但这些弯矩可通过扩展的线性相互作用表达式(式(*6.44*))来考虑,后面会进行讨论。

$$\frac{N_{\mathrm{Ed}}}{N_{\mathrm{Rd}}}+\frac{M_{\mathrm{y,Ed}}}{M_{\mathrm{y,Rd}}}+\frac{M_{\mathrm{z,Ed}}}{M_{\mathrm{z,Rd}}}\leqslant 1 \qquad (6.2)$$

其中 N_{Rd}、$M_{\mathrm{y,Rd}}$和 $M_{\mathrm{z,Rd}}$是截面的承载力设计值并包括了必要的剪力效应的
条款6.2.8　折减(***条款6.2.8***)。式(*6.2*)的意图是为设计人员提供一个快速简便安全的近似方法,可用于预估初始截面,并在最终的设计中进行精确计算。

1 类和 2 类截面:在单向弯矩和轴力作用下

条款6.2.9.1(5)　1 类和 2 类截面在单向弯矩(即绕单主轴弯曲)和轴力作用下根据***条款***
条款6.2.9.1(6)　***6.2.9.1(5)***设计,涉及双向受弯(无论有无轴力)时,可以根据***条款6.2.9.1(6)***设计。

一般来说,对于 1 类和 2 类截面(受弯矩和轴力作用),Eurocode 3 要求计算一个折减的塑性抗弯承载力 $M_{\mathrm{N,Rd}}$,以考虑施加的轴力 N_{Ed}的影响。然后验算所施加的弯矩 M_{Ed}小于折减的塑性抗弯承载力。

条款6.2.9.1(4)　***条款6.2.9.1(4)***认为对于较小的轴力,理论上塑性抗弯承载力的降低基本上被材料应变硬化所抵消,因此可以忽略。该条款规定,对于双对称的 I 形和 H 形截面以及其他相似的截面,在轴力和强轴弯矩作用下,如果满足以下式(*6.33*)和式(*6.34*)的要求,其强轴塑性抗弯承载力可不折减。

$$N_{\mathrm{Ed}}\leqslant 0.25N_{\mathrm{pl,Rd}} \qquad (6.33)$$

$$N_{\mathrm{Ed}}\leqslant\frac{0.5h_{\mathrm{w}}t_{\mathrm{w}}f_{\mathrm{y}}}{\gamma_{\mathrm{M0}}} \qquad (6.34)$$

同样对于双对称的 I 形和 H 形截面、矩形热轧空心截面和焊接箱形截面,在轴力和弱轴(*z-z*)弯矩作用下,当满足下式时,其弱轴塑性抗弯承载力可不折减。

$$N_{\mathrm{Ed}}\leqslant\frac{h_{\mathrm{w}}t_{\mathrm{w}}f_{\mathrm{y}}}{\gamma_{\mathrm{M0}}} \qquad (6.35)$$

条款6.2.9.1(5)　如果以上要求不满足,则必须按***条款6.2.9.1(5)***计算折减的塑性抗弯承载力。

折减的塑性抗弯承载力:

1. 双对称 I 形和 H 形截面(热轧或焊接)。

强轴（y-y）：

$$M_{\mathrm{N,y,Rd}} = M_{\mathrm{pl,y,Rd}} \frac{1-n}{1-0.5a} \quad 但\ M_{\mathrm{N,y,Rd}} \leqslant M_{\mathrm{pl,y,Rd}} \tag{6.36}$$

弱轴（z-z）：

当 $n \leqslant a$ 时
$$M_{\mathrm{N,z,Rd}} = M_{\mathrm{pl,z,Rd}} \tag{6.37}$$

当 $n > a$ 时
$$M_{\mathrm{N,z,Rd}} = M_{\mathrm{pl,z,Rd}} \left[1 - \left(\frac{n-a}{1-a}\right)^2\right] \tag{6.38}$$

其中，n 为施加荷载与塑性抗压承载力的比值。

$$n = \frac{N_{\mathrm{Ed}}}{N_{\mathrm{pl,Rd}}}$$

a 为腹板面积占整个面积的比率。

$$a = \frac{A - 2bt_{\mathrm{f}}}{A} \quad 但\ a \leqslant 0.5$$

2. 等厚矩形空心截面和焊接箱形截面（等翼缘和等腹板）。

强轴（y-y）：

$$M_{\mathrm{N,y,Rd}} = M_{\mathrm{pl,y,Rd}} \frac{1-n}{1-0.5a_{\mathrm{w}}} \quad 但\ M_{\mathrm{N,y,Rd}} \leqslant M_{\mathrm{pl,y,Rd}} \tag{6.39}$$

弱轴（z-z）：

$$M_{\mathrm{N,z,Rd}} = M_{\mathrm{pl,z,Rd}} \frac{1-n}{1-0.5a_{\mathrm{f}}} \quad 但\ M_{\mathrm{N,z,Rd}} \leqslant M_{\mathrm{pl,z,Rd}} \tag{6.40}$$

其中，对于热轧空心截面：

$$a_{\mathrm{w}} = \frac{A - 2bt}{A} \quad 但\ a_{\mathrm{w}} \leqslant 0.5$$

对于焊接箱形截面：

$$a_{\mathrm{w}} = \frac{A - 2bt_{\mathrm{f}}}{A} \quad 但\ a_{\mathrm{w}} \leqslant 0.5$$

对于热轧空心截面：

$$a_{\mathrm{f}} = \frac{A - 2ht}{A} \quad 但\ a_{\mathrm{f}} \leqslant 0.5$$

对于焊接箱形截面：

$$a_{\mathrm{f}} = \frac{A - 2ht_{\mathrm{w}}}{A} \quad 但\ a_{\mathrm{f}} \leqslant 0.5$$

算例 6.6　压弯作用下的截面承载力

请计算材质为 S275 钢的 457 × 191 × 98 UKB 截面在承受 1400kN 轴力情况下所能承受的最大弯矩。

截面特性

截面特性如图 6.15 所示。

材料公称厚度（$t_{\mathrm{f}} = 19.6$mm 和 $t_{\mathrm{w}} = 11.4$mm）在 16mm 和 40mm 之间，则对于 S275 钢，根据 EN 10025-2，其名义屈服强度 f_y 为 265N/mm^2。

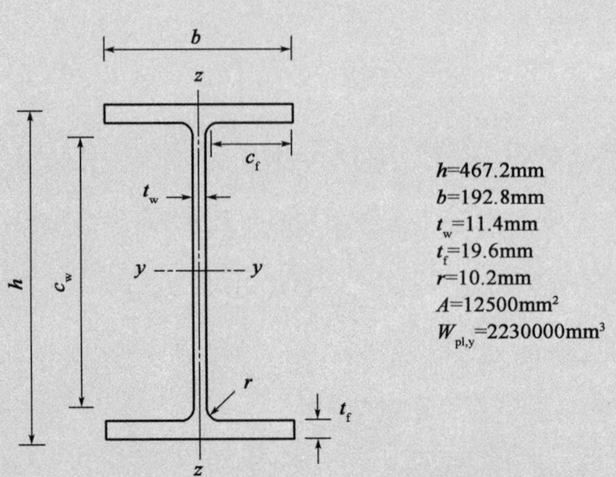

图 6.15 457×191×98 UKB 截面特性

条款3.2.6

根据***条款3.2.6***

$E = 210000\text{N/mm}^2$

首先确定在纯压作用下的截面分类,看是否需要进一步的精确计算。

条款5.5.2

纯压作用下的截面分类(条款5.5.2)

$\varepsilon = \sqrt{235/f_y} = \sqrt{235/265} = 0.94$

外伸翼缘(表 5.2,第 2 栏):

$c_f = (b - t_w - 2r)/2 = 132.5\text{mm}$

$c_f/t_f = 80.5/19.6 = 4.11$

1 类腹板的限值 $= 9\varepsilon = 8.48$

$8.48 > 4.11$ ∴ 翼缘属于 1 类。

内部受压腹板(表5.2,第 1 栏):

$c_w = h - 2t_f - 2r = 407.6\text{mm}$

$c_w/t_w = 407.6/11.4 = 35.75$

2 类腹板限值 $= 38\varepsilon = 35.78$

$35.78 > 35.75$ ∴ 腹板属于 2 类。

在纯压作用下,整个截面属于 2 类。因此和算例 5.1 不同,无须进一步考虑真实应力分布的复杂计算。

条款6.2.9.1

压弯作用(条款6.2.9.1)

若同时满足以下两条,忽略轴力影响,不对塑性抗弯承载力折减。

$$N_{Ed} \leqslant 0.25 N_{pl,Rd} \tag{6.33}$$

和

$$N_{Ed} \leqslant \frac{0.5 h_w t_w f_y}{\gamma_{M0}} \tag{6.34}$$

$N_{Ed} = 1400kN$

$$N_{Ed} = \frac{Af_y}{\gamma_{M0}} = \frac{12500 \times 265}{1.0} = 3313kN$$

$0.25N_{pl,Rd} = 828.1kN$

$828.1kN < 1400kN$　∴式(*6.33*)不满足。

$$\frac{0.5h_w t_w f_y}{\gamma_{M0}} = \frac{0.5 \times [467.2 - (2 \times 19.6)] \times 11.4 \times 265}{1.0} = 646.5kN$$

$646.5kN < 1400kN$　∴式(*6.34*)不满足。

因此必须考虑轴力对塑性抗弯承载力的影响。

折减的塑性抗弯承载力(条款6.2.9.1(5))　　条款*6.2.9.1(5)*

$$M_{N,y,Rd} = M_{pl,y,Rd}\frac{1-n}{1-0.5a} \quad 但\ M_{N,y,Rd} \leqslant M_{pl,y,Rd} \tag{6.36}$$

其中，

$n = N_{Ed}/N_{pl,Rd} = 1400/3313 = 0.42$

$a = (A - 2bt_f)/A = [12500 - (2 \times 192.8 \times 19.6)]/12500 = 0.40$

$$M_{pl,y,Rd} = \frac{W_{pl} f_y}{\gamma_{M0}} = \frac{2230000 \times 265}{1.0} = 591.0kN \cdot m$$

$$\Rightarrow M_{N,y,Rd} = 591.0 \times \frac{1-0.42}{0.5 \times 0.40} = 425.3kN \cdot m$$

结论

为了满足***条款6.2.9***的截面验算要求，在轴向力为1400kN的情况下，材质为S275钢在截面采用457×191×98 UKB时可承载的最大弯矩为425.3kN·m。　　条款*6.2.9*

1类和2类截面：双向弯矩(存在或不存在轴力作用)

与BS 5950第1部分一样，EN 1993-1-1将双向受弯作为弯矩与轴力作用的特例。***条款6.2.9.1(6)***规定了在有或没有轴力的情况下，1类和2类截面双向受弯的验算。虽然式(*6.2*)为简单的线性相互作用表达式。但表示为更复杂的相互作用表达式(式(*6.41*))，可以显著提高效率：　　条款*6.2.9.1(6)*

$$\left(\frac{M_{y,Ed}}{M_{N,y,Rd}}\right)^{\alpha} + \left(\frac{M_{z,Ed}}{M_{N,z,Rd}}\right)^{\beta} \leqslant 1 \tag{6.41}$$

式中，α和β为常数，定义如下。***条款6.2.9(6)***允许α和β取1，从而转化为线性相互作用。　　条款*6.2.9(6)*

对于I形和H形截面：

$\alpha = 2$和$\beta = 5n$，但$\beta \geqslant 1$。

对于圆形空心截面：

$\alpha = 2$和$\beta = 2$。

对于矩形空心截面：

$\alpha=\beta=\dfrac{1.66}{1-1.13n^2}$,但是 $\alpha=\beta\leqslant 6$。

图 6.16 为双向受弯通常情况下的相互作用曲线(1 类和 2 类截面)。

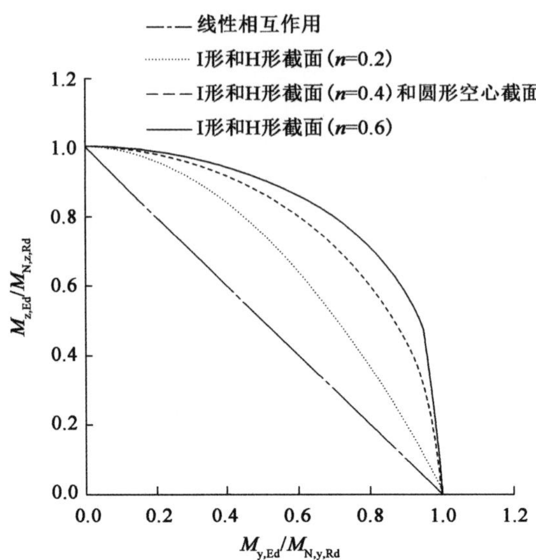

图 6.16　双向受弯下的相互作用曲线

3 类截面

条款6.2.9.2

对于 3 类截面,根据***条款6.2.9.2***,允许采用线性叠加考虑弯矩和轴力组合作用下的应力,其最大纤维应力应小于屈服应力除以材料分项系数 γ_{M0},如下所示:

$$\sigma_{x,Ed}=\frac{f_y}{\gamma_{M0}} \tag{6.42}$$

当单独考虑受压和受弯时,需要考虑槽孔和扩大孔以及那些没有紧固件的孔洞。

4 类截面

条款6.2.9.3

和 3 类截面一样,同样可按应力的线性叠加考虑(***条款6.2.9.3***),其最大纤维应力(构件的纵向 x 应力)小于屈服强度除以材料分项系数 γ_{M0},如式(6.42)所示。

条款6.2.2.5(4)

但对于 4 类截面,应力必须根据截面的有效特性计算,并且必须考虑到由于毛截面和有效截面之间的中性轴偏移而产生的附加应力(见图 6.17、***条款6.2.2.5(4)***和本指南第 13 章)。

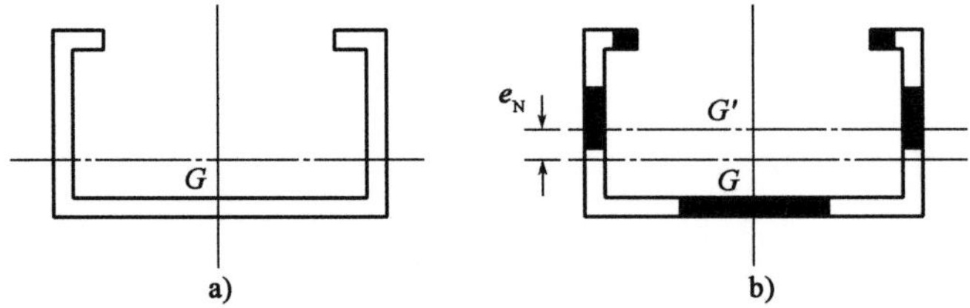

图 6.17　从毛截面到有效截面中性轴的偏移

为得到满足式(6.42),结果中需包含由于中性轴偏移导致的弯矩,如式(6.44)所示:

$$\frac{N_{Ed}}{A_{eff}f_y/\gamma_{M0}}+\frac{M_{y,Ed}+N_{Ed}e_{Ny}}{W_{eff,y,min}f_y/\gamma_{M0}}+\frac{M_{z,Ed}+N_{Ed}e_{Nz}}{W_{eff,z,min}f_y/\gamma_{M0}}\leqslant 1 \tag{6.44}$$

式中：A_{eff}——纯压下截面的有效面积；

$W_{eff,min}$——极限纤维达到首次屈服时相应轴的最小有效截面模量；

e_N——相应中性轴的偏移。

6.2.10　弯矩、剪力和轴力共同作用

在弯矩、剪力和轴力作用下截面的设计见***条款6.2.10***。如果剪力 V_{Ed} 小于塑性抗剪承载力设计值 $V_{pl,Rd}$ 的 50%（***条款6.2.6***）并且可忽略受剪屈曲（见本指南的 6.2.8 和 EN 1993-1-5 的条款 5.1），则截面可仅满足弯矩和轴力共同作用下的要求（***条款6.2.9***）。

条款6.2.10　*条款6.2.6*　*条款6.2.9*

当剪力超过 50% 截面塑性抗剪承载力时，可用折减屈服强度计算剪切面积（如***条款6.2.8*** 所述）；具有折减强度的剪切面积的截面可根据***条款6.2.9*** 验算弯矩和轴力作用下的截面。作为折减剪切面积的强度替代方法，也可以采用等效折减厚度的方法；这样可以简化计算。

条款6.2.8　*条款6.2.9*

6.3　构件的屈曲承载力

条款6.3 规定了构件屈曲承载力。等截面受压构件的弯曲、扭转和弯扭屈曲见***条款6.3.1***。等截面受弯构件的侧向扭转屈曲见***条款6.3.2***，等截面构件在弯矩和轴力作用下的稳定性见***条款6.3.3***。设计时无须考虑构件端部的紧固件孔洞。

条款6.3　*条款6.3.1*　*条款6.3.2*　*条款6.3.3*

条款6.3.1 ~ **条款 *6.3.3*** 适用于等截面构件，即沿构件全长截面恒定（另外，对于受压构件，荷载需均匀施加）。对于非等截面构件，例如变截面，或压力沿构件长度非均匀分布（例如框架中构件在没有明显侧向约束的情况下），Eurocode 3 没有提供设计表达式。但是如果采用***条款5.3.4*** 的考虑构件缺陷的二阶分析方法，可以直接得到构件的屈曲承载力。

条款6.3.1　*条款6.3.2*　*条款6.3.3*　*条款5.3.4*

6.3.1　等截面构件受压

一般规定

对于确定受压构件的屈曲承载力，Eurocode 3 和 BS 5950 原则上是相同的。只是有细微的技术差别，主要是两个标准中对于方法的表达不同。

屈曲承载力

压力设计值用 N_{Ed}（轴向设计效应）表示。其必须小于或等于受压构件的屈曲承载力 $N_{b,Rd}$（轴向屈曲承载力）。对于非对称 4 类截面构件，在弯矩和轴力作用下，需要考虑由于中性轴从毛截面到有效截面偏移产生的附加弯矩 ΔM_{Ed}。等截面构件在弯矩和轴力作用下的设计见***条款6.3.3***。

条款6.3.3

1 类、2 类和 3 类截面的受压构件，以及对称的 4 类截面构件按**条款 6.3.1**进行设计，其屈曲承载力设计值按如下计算：

条款6.3.1

对于 1、2、3 类截面

$$N_{b,Rd} = \frac{\chi A f_y}{\gamma_{M1}} \qquad (6.47)$$

对于 4 类截面
$$N_{b,Rd}=\frac{\chi A_{eff}f_y}{\gamma_{M1}} \tag{6.48}$$

式中χ为相应的屈曲模态(弯曲屈曲、扭转屈曲或弯扭屈曲)的折减系数。这些屈曲模态会在下一节讨论。

屈曲曲线

EN 1993-1-1 定义的屈曲曲线与 BS 5950 第 1 部分的表 24 定义的曲线一致(只是 BS 5950 不含 a_0这条屈曲曲线)。关于屈曲模态,屈曲曲线的基本公式没有变化。如下所示:

$$\chi=\frac{1}{\Phi+\sqrt{\Phi^2-\overline{\lambda}^2}}\quad \text{但}\chi\leqslant 1.0 \tag{6.49}$$

其中:

$$\Phi=0.5[1+\alpha(\overline{\lambda}-0.2)+\overline{\lambda}^2]$$

对于 1 类、2 类和 3 类截面,$\overline{\lambda}=\sqrt{\frac{Af_y}{N_{cr}}}$

对于 4 类截面,$\overline{\lambda}=\sqrt{\frac{A_{eff}f_y}{N_{cr}}}$

式中:α——缺陷系数;

N_{cr}——基于毛截面特性的相关屈曲模态的弹性临界力。

上面定义的无量纲长细比 $\overline{\lambda}$ 是通用的格式,需要由相应屈曲模态的弹性临界力 N_{cr}计算得到。控制设计的相应屈曲模态就是最小临界力 N_{cr}的模态。临界力 N_{cr}的计算以及各种屈曲模态的 $\overline{\lambda}$ 将在后续的章节中涉及。

如图 6.18 所示,EN 1993-1-1 定义了 5 条屈曲曲线,分别为 a_0、a、b、c 和 d。这些曲线的形状是通过缺陷系数 α 定义的;表 6.1 中给出了这些曲线对应的 5 个缺陷系数。值得注意的是,作为使用上述屈曲曲线公式的一种替代方法,***条款6.3.1.2(3)*** 允许直接从*图6.4* 确定屈曲折减系数(本指南的*图6.8*)。

条款6.3.1.2(3)

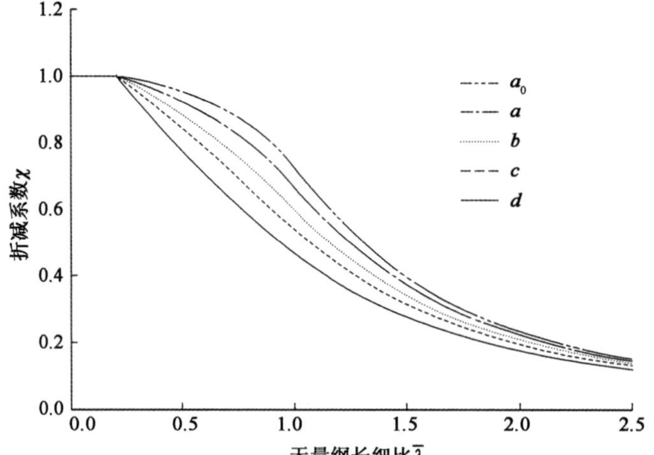

图 6.18　EN 1993-1-1 屈曲曲线

从图6.18中的曲线形状可以看出,在所有情况下,无量纲长细比 $\bar{\lambda} \leqslant 0.2$ 时,屈曲折减系数等于1。这意味着,对于短粗的受压构件($\bar{\lambda} \leqslant 0.2$ 或 $N_{Ed}/N_{cr} \leqslant 0.04$),截面承载力无须折减。这时可忽略屈曲效应,只复核截面承载力(***条款6.2***)。 ***条款6.2***

采用哪种屈曲曲线(缺陷系数)取决于截面的几何形状和材料性能以及屈曲轴。屈曲曲线可由表6.5(EN 1993-1-1 的表*6.2*)确定,其与 BS 5950 第1部分的表23一致。

各种屈曲模态的无量纲长细比

EN 1993-1-1 给出了弯曲(***条款6.3.1.3***),扭转(***条款6.3.1.4***)和弯扭(***条款6.3.1.4***)屈曲模态。对于标准热轧和焊接截面,弯曲屈曲为主要屈曲模态,为大多数的控制情况。 ***条款6.3.1.3*** ***条款6.3.1.4***

扭转屈曲模态一般限于冷成型构件的两个主要原因为:

■ 冷成型截面厚度较薄,而扭转刚度与材料厚度成立方关系。

■ 冷成型工艺一般用于开口截面,原因是用钢板来制造开口截面比较容易。而开口截面固有的扭转刚度很低。

受压构件弯曲屈曲的特征是构件弱轴平面内横向变形过大。随着柱长细比的增加,所对应的失效荷载越小。可根据***条款6.3.1.3***计算弯曲屈曲的无量纲长细比。 ***条款6.3.1.3***

无量纲长细比可由下式计算 $\bar{\lambda}$:

$$\bar{\lambda} = \sqrt{\frac{Af_y}{N_{cr}}} = \frac{L_{cr}}{i}\frac{1}{\lambda_1} \tag{6.50}$$

$$\bar{\lambda} = \sqrt{\frac{A_{eff}f_y}{N_{cr}}} = \frac{L_{cr}}{i}\frac{\sqrt{A_{eff}/A}}{\lambda_1} \tag{6.51}$$

式中:L_{cr}——计算平面内的受压构件屈曲长度,其与 BS 5950 中的有效长度 L_E 相等(屈曲长度将在下一节讨论);

i——相关轴的回转半径,由毛截面确定(BS 5950 分别用符号 r_x 和 r_y 代表强轴和弱轴);

$\lambda_1 = \pi\sqrt{\frac{F}{f_y}} = 93.9\varepsilon$ 和 $\varepsilon = \sqrt{\frac{235}{f_y}}$($f_y$ 单位为 N/mm^2)。

屈曲曲线的缺陷系数(EN 1993-1-1 的表*6.1*)　　表6.4

屈曲曲线	a_0	a	b	c	d
缺陷系数	0.13	0.21	0.34	0.49	0.76

截面屈曲曲线的选择(EN 1993-1-1 的表*6.2*)　　表 6.5

<table>
<tr><th colspan="2" rowspan="2">截　面</th><th colspan="2" rowspan="2">限　值</th><th rowspan="2">屈曲轴</th><th colspan="2">屈曲曲线</th></tr>
<tr><th>S235
S275
S335
S420</th><th>S460</th></tr>
<tr><td rowspan="4">轧制截面</td><td rowspan="4"></td><td rowspan="2">$h/b>1.2$</td><td>$t_f \leq 40$mm</td><td>y-y
z-z</td><td>a
b</td><td>a_0
a_0</td></tr>
<tr><td>40mm $< t_f \leq 100$</td><td>y-y
z-z</td><td>b
c</td><td>a
a</td></tr>
<tr><td rowspan="2">$h/b \leq 1.2$</td><td>$t_f \leq 100$mm</td><td>y-y
z-z</td><td>b
c</td><td>a
a</td></tr>
<tr><td>$t_f > 100$mm</td><td>y-y
z-z</td><td>d
d</td><td>c
c</td></tr>
<tr><td rowspan="2">焊接 I 形截面</td><td rowspan="2"></td><td colspan="2">$t_f \leq 40$mm</td><td>y-y
z-z</td><td>b
c</td><td>b
c</td></tr>
<tr><td colspan="2">$t_f > 40$mm</td><td>y-y
z-z</td><td>c
d</td><td>c
d</td></tr>
<tr><td rowspan="2">空心截面</td><td rowspan="2"></td><td colspan="2">热成型</td><td>任意轴</td><td>a</td><td>a_0</td></tr>
<tr><td colspan="2">冷成型</td><td>任意轴</td><td>c</td><td>c</td></tr>
<tr><td rowspan="2">焊接箱形截面</td><td rowspan="2"></td><td colspan="2">一般情况(除下列情况)</td><td>任意轴</td><td>b</td><td>b</td></tr>
<tr><td colspan="2">厚焊缝:$a>0.5t_f$
$b/t_f<300$
$b/t_w<30$</td><td>任意轴</td><td>c</td><td>c</td></tr>
<tr><td>槽形、T 形和实心截面</td><td colspan="3"></td><td>任意轴</td><td>c</td><td>c</td></tr>
<tr><td>角钢截面</td><td colspan="3"></td><td>任意轴</td><td>b</td><td>b</td></tr>
</table>

虽然 BS 5952 定义的长细比($\lambda = L_E/r_y$)已经是无量纲的,但 Eurocode 3 更进一步定义了无量纲长细比 $\bar{\lambda}$,其通过 λ_1 包含了受压构件的材料特性,使得理想铰接柱的所有变量都得以考虑。这允许更直接地比较具有不同材料强度的柱的弯曲屈曲敏感性。此外,$\bar{\lambda}$ 有助于将柱的长细比与压曲荷载和欧拉临界屈曲荷载重合的理论点联系起来,该理论点总是出现在无量纲长细比 $\bar{\lambda}$ 等于 1.0 时。

如前所述,弯曲屈曲是迄今为止传统的热轧构件最常见的屈曲模态。但是,特别是薄壁和开口截面，设计人员还应验算构件的扭转或弯扭屈曲承载力，其可能小于弯曲屈曲承载力。本指南13.7节将进一步讨论扭转屈曲和弯扭屈曲。

根据***条款6.3.1.4***应按下式计算扭转屈曲和弯扭屈曲的无量纲长细比$\bar{\lambda}_T$： *条款6.3.1.4*

对于1、2、3类截面 $$\bar{\lambda}_T = \sqrt{\frac{Af_y}{N_{cr}}} \tag{6.52}$$

对于4类截面 $$\bar{\lambda}_T = \sqrt{\frac{A_{eff}f_y}{N_{cr}}} \tag{6.53}$$

式中：$N_{cr} = N_{cr,TF}$但$N_{cr} \leq N_{cr,T}$；

$N_{cr,TF}$——弯扭屈曲的弹性临界力（见本指南的13.7节）；

$N_{cr,T}$——扭转屈曲的弹性临界力（见本指南的13.7节）。

弹性临界力一般指的是弯曲屈曲的临界力，但此处的弹性临界力是弯扭屈曲的临界力（但前提是这小于扭转屈曲的临界力）。EN 1993-1-1中没有提供$N_{cr,T}$和$N_{cr,TF}$的公式，但可在Eurocode 3的第1-3部分和本指南13.7节中可以找到。扭转屈曲和弯扭屈曲的屈曲曲线可根据表6.5（EN 1993-1-1的*表6.2*）选择，并假设屈曲绕弱轴（*z-z*）发生。

屈曲长度 L_{cr}

不同端部条件的受压构件的屈曲长度在Eurocode 3中并没有提供，部分原因是在各成员国间没有达成一致。关于三角形和格构式结构中受压杆件的屈曲长度在Eurocode 3***附录BB***中有规定。本指南的第11章也将讨论***附录BB***的规定。

通常情况下，英国设计人员不适应完全固接的条件假设，因为连接不可避免地具有一定程度的变形。因此BS 5950第1部分通常提供比理论值更保守的有效（或屈曲）长度。在缺少Eurocode 3具体规定的情况下，建议采用BS 5950中的屈曲长度。表6.6包含了BS 5950第1部分的条款4.7.3规定的屈曲长度；这些屈曲长度不适用于角钢、槽钢或T型钢，应参考BS 5950第1部分的条款4.7.10。边界条件及对应的屈曲长度如图6.19所示，其中L等于系统长度。Brettle和Brown（2009）对此给出了进一步的说明。

受压构件的名义屈曲长度 表6.6

端部约束（在计算方向）		屈曲长度 L_{cr}
两端均有平动约束	两端固接	0.7L
	两端部分转动	0.85L
	一端固接一端铰接	0.85L
	两端铰接	1.0L
一端	另一端	屈曲长度 L_{cr}
完全固接	无平动约束 不能转动	1.2L
	部分转动	1.5L
	自由端	2.0L

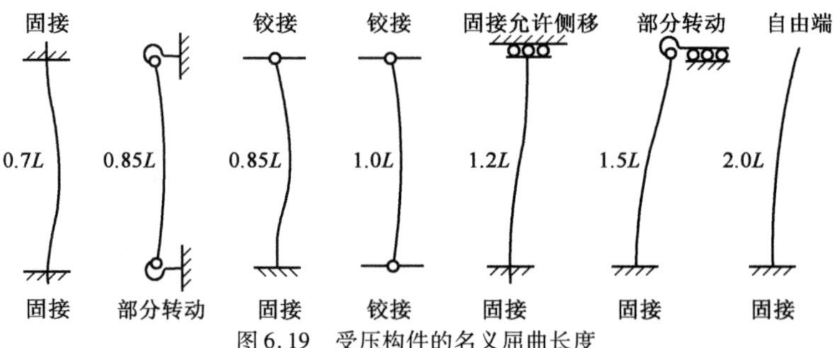

图 6.19　受压构件的名义屈曲长度

算例 6.7　受压构件的屈曲承载力

多层建筑的中柱采用圆管截面。柱子两端铰接,楼层高度 4m,如图 6.20 所示。控制组合作用下的轴力设计值为 2110kN。使用 S355 钢的热轧 244.5 × 10 CHS 截面。

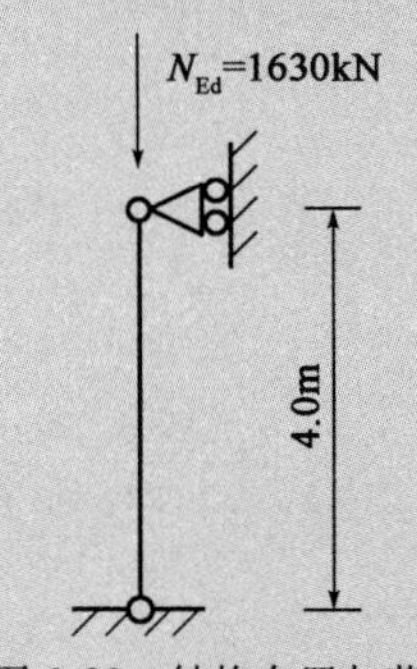

图 6.20　结构布置与荷载

截面特性

截面特性如图 6.21 所示。

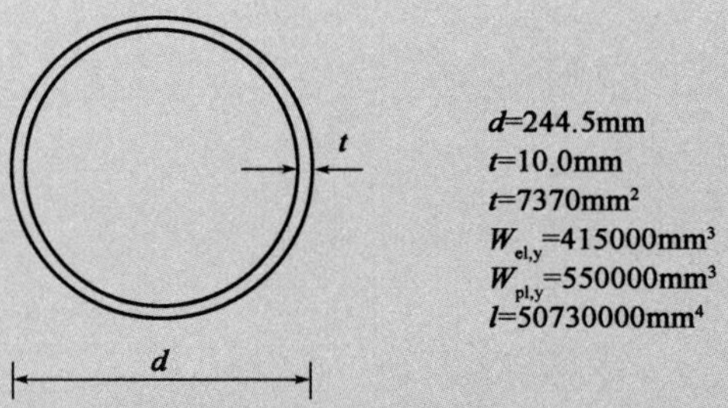

图 6.21　244.5 × 10CHS 的截面特性

材料公称厚度(t_f = 10.0mm)小于或等于 16mm,则对于 S355 钢,根据 EN 10210-1,其名义屈服强度 f_y 为 355N/mm^2。

条款 3.2.6

根据***条款 3.2.6*** **可知**:

$E = 210000\text{N/mm}^2$

条款 5.5.2

截面分类(条款 5.5.2)

$\varepsilon = \sqrt{235/f_y} = \sqrt{235/355} = 0.81$

管形截面(表 5.2,第 3 栏):

$d/t = 244.5/10.0 = 24.5$

1 类截面限值 $=50\varepsilon^2 = 32.8$

$40.7 > 24.5$　∴ 属于 1 类截面。

截面抗压承载力（条款6.2.4）　　*条款6.2.4*

$$N_{c,Rd} = \frac{Af_y}{\gamma_{M0}} \tag{6.10}$$

$$\therefore \quad N_{c,Rd} = \frac{7370 \times 355}{1.00} = 2616 \times 10^3 \text{N} = 2616\text{kN}$$

2616kN > 2110kN　∴ 截面抗压承载力满足要求。

受压构件屈曲承载力（条款6.3.1）　　*条款6.3.1*

$$N_{b,Rd} = \frac{\chi Af_y}{\gamma_{M1}} \tag{6.47}$$

$$\chi = \frac{1}{\Phi + \sqrt{\Phi^2 - \lambda^2}} \quad 但是 \quad \chi \leqslant 1.0 \tag{6.49}$$

其中

$$\Phi = 0.5[1 + \alpha(\bar{\lambda} - 0.2) + \bar{\lambda}^2]$$

$$\bar{\lambda} = \sqrt{\frac{Af_y}{N_{cr}}}$$

弯曲屈曲的弹性临界力和无量纲长细比

$$N_{cr} = \frac{\pi^2 EI}{L_{cr}^2} = \frac{\pi^2 \times 210000 \times 50730000}{4000^2} = 6571\text{kN}$$

$$\therefore \quad \bar{\lambda} = \sqrt{\frac{7370 \times 355}{6571 \times 10^3}} = 0.63$$

屈曲曲线和缺陷系数α的选择

对于热轧矩形管，使用屈曲曲线 a（表 6.5（EN 1993-1-1 的表*6.2*））。

对于屈曲曲线 a，$\alpha = 0.21$（表 6.4（EN 1993-1-1 的表*6.1*））。

屈曲曲线

$$\Phi = 0.5[1 + 0.21 \times (0.63 - 0.2) + 0.632] = 0.74$$

$$\chi = \frac{1}{0.74 + \sqrt{0.74^2 - 0.63^2}} = 0.88$$

$$\therefore \quad N_{b,Rd} = \frac{0.88 \times 7370 \times 355}{1.0} = 2297 \times 10^3 \text{N} = 2297\text{kN}$$

2297kN > 2110kN　∴ 屈曲承载力满足要求。

结论

钢材 S355，选择截面 244 × 10 CHS 满足要求。

6.3.2 等截面构件受弯

一般规定

条款6.3.2 绕强轴受弯的横向无约束梁必须根据***条款6.3.2***验算侧向扭转稳定性(以及截面承载力)。如本指南 6.2.5 所述,许多常见情况不需要考虑侧向扭转屈曲,构件强度可以根据面内截面强度进行评估。

EN 1993-1-1 给出三种验算结构构件侧向扭转稳定性的方法:

条款6.3.2.2
条款6.3.2.3
■ 第一种方法,采用式(6.56)和式(6.57)确定的侧向扭转屈曲的屈曲曲线,***条款6.3.2.2***和***条款6.3.2.3***分别对一般情况和轧制截面及等效焊接截面进行了规定。本指南稍后将讨论此方法,并在算例 6.8 中进行说明。

条款6.3.2.4 ■ 第二种是对建筑中受约束梁的简化评估方法,见***条款6.3.2.4***。此方法会在本指南的后续章节中进行讨论。

条款6.3.4 ■ 第三种是结构构件侧向屈曲和侧向扭转屈曲的一般方法,见***条款6.3.4***,在本指南的相应章节中会进行讨论。

侧向无约束梁设计的一个关键是确定侧向扭转屈曲的无量纲长细比 $\overline{\lambda}_{LT}$,根据 EN 1993-1-1 的规定,需要首先计算梁的弹性临界弯矩 M_{cr}。也可以根据 NCCI SN002(SCI,2005a)中更为直接简便的方法确定 $\overline{\lambda}_{LT}$。两种方法在本节中都会讨论。

侧向约束

条款6.3.6.2.1(2) ***条款6.3.6.2.1(2)***规定,"梁的上翼缘有充分约束时可不考虑侧向扭转屈曲"。EN 1993-1-1 包括了各种侧向约束的情况并规定了相应的条件以确保有效。
条款5.3.3(2) 一般,支撑系统必须能够抵抗等效稳定力 q_d(***条款5.3.3(2)***),其值根据支撑系统的柔度确定。这种设计方法本质上是迭代方法。一种近似方法是先假设支撑系统的变形,然后确定支撑力,最后验算是否超出假定的变形。假定梁的变形为 $L/2000$,通常这在建筑支撑系统中是偏保守的,则梁受压翼缘的约束力为设计力的 2%。

条款6.3.5.2 ***条款6.3.5.2***规定了塑性铰的侧向约束要求,板的侧向约束要求见*附录BB*。

关于各种侧向约束的详细信息见 Gardner (2011)的著作。

侧向扭转屈曲承载力

弯矩设计值用 M_{Ed}表示,侧向扭转屈曲承载力用 $M_{b,Rd}$表示。显然 M_{Ed}必须小于 $M_{b,Rd}$,所有无约束的梁段(侧向约束点之间)都要验算。

侧向无约束梁(或梁段)的屈曲承载力设计值按下式计算:

$$M_{b,Rd} = \chi_{LT} W_y \frac{f_y}{\gamma_{M1}} \tag{6.55}$$

其中 W_y是根据截面分类确定的截面模量,如下所示。在确定 W_y时,无须考虑梁端部的紧固件孔洞。

对于 1 类或 2 类截面 $W_y = W_{pl,y}$

对于 3 类截面　　$W_y = W_{el,y}$

对于 4 类截面　　$W_y = W_{eff,y}$

式中：χ_{LT}——侧向扭转屈曲折减系数。

从式(*6.55*)可以看出，受弯构件屈曲和受压构件屈曲有明显的相似之处。二者的屈曲承载力都包括折减系数(χ 用于受压；χ_{LT}用于受弯)乘以截面强度(Af_y/γ_{M1} 用于受压；$W_y f_y/\gamma_{M1}$ 用于受弯)。

侧向扭转屈曲曲线

EN 1993-1-1 定义的侧向扭转屈曲曲线与 BS 5950 第 1 部分的表 16 和表 17 基本一致，但并不完全相同。Eurocode 3 提供了四种侧向扭转屈曲曲线(根据整个截面的高宽比，截面类型和是轧制还是焊接)，而 BS 5950 仅提供了两条曲线(仅区分了轧制和焊接截面)。

Eurocode 3 定义了两种情况下的侧向扭转屈曲曲线：

■ 一般情况(***条款6.3.2.2***)。　***条款6.3.2.2***

■ 热轧截面或等效焊接截面(***条款6.3.2.3***)。　***条款6.3.2.3***

条款6.3.2.2，一般情况，适用于所有常见的截面类型，包括轧制截面，但不像***条款6.3.2.3***，其也可适用于标准轧制截面以外的情况。例如，它可以应用于钢板梁(比标准轧制截面的尺寸大)和蜂窝梁。　***条款6.3.2.2***　***条款6.3.2.3***

用于一般情况的侧向扭转屈曲曲线(***条款6.3.2.2***)如式(*6.56*)所示：　***条款6.3.2.2***

$$\chi_{LT} = \frac{1}{\phi_{LT} + \sqrt{\phi_{LT}^2 - \bar{\lambda}_{LT}^2}} \quad \text{但是} \chi_{LT} \leq 1.0 \qquad (6.56)$$

式中：$\phi_{LT} = 0.5[1 + \alpha_{LT}(\bar{\lambda}_{LT} - 0.2) + \bar{\lambda}_{LT}^2]$；

$\bar{\lambda}_{LT} = \sqrt{\dfrac{W_y f_y}{M_{cr}}}$；

α_{LT}——表 6.7(EN 1993-1-1 的表*6.3*)中的缺陷系数；

M_{cr}——侧向扭转屈曲的弹性临界弯矩。

侧向扭转屈曲曲线的缺陷系数(EN 1993-1-1 的表*6.3*)　　表 6.7

屈曲曲线	*a*	*b*	*c*	*d*
缺陷系数	0.21	0.34	0.49	0.76

四条侧向扭转屈曲曲线的缺陷系数 α_{LT} 由表 6.7 给出(EN 1993-1-1 的表*6.3*)。对于给定的截面类型和尺寸，可以从表*6.8*(EN 1993-1-1 的表*6.4*)中选择适当的侧向扭转屈曲曲线。

注：虽然“默认”平台长度(即无量纲长细比很小可以使截面达到全强度)根据***条款6.3.2.2(1)***设定为0.2。但***条款6.3.2.2(4)***和***条款6.3.2.3***规定了可以忽略侧向扭转屈曲效应的长细比限值 $\bar{\lambda}_{LT,0}$。$\bar{\lambda}_{LT,0}$ 在条款 6.3.2.3 条中定义，其值在英国国家附件条款 NA.2.17 中给出。对于所有轧制截面(包括空心截面)，其值为 0.4，屈曲曲线在该值处形成一个台阶。对于焊接截面，$\bar{\lambda}_{LT,0}$ 在条款 NA.2.17 中设置为 0.2。　***条款6.3.2.2(1)***　***条款6.3.2.2(4)***　***条款6.3.2.3***　***条款NA.2.17***　***条款NA.2.17***

一般情况下的侧向扭转屈曲曲线(EN 1993-1-1 的表*6.4*) 表 6.8

截 面	限 值	屈曲曲线
轧制 I 形截面	$h/b \leq 2$ $h/b > 2$	*a* *b*
焊接 I 形截面	$h/b \leq 2$ $h/b > 2$	*c* *d*
其他截面	—	*d*

条款6.3.2.3 轧制型材或等效焊接型材的侧向扭转屈曲曲线(***条款6.3.2.3***)参考式(6.57),并使用表*6.7* 的缺陷系数(EN 1993-1-1 的表*6.3*)。α_{LT}和 M_{cr}的定义用于一般情况下,对于侧向扭转屈曲曲线的选择应该根据英国国家附件的表 6.9 替代 EN 1993-1-1 的表*6.5*。

$$\chi_{LT} = \frac{1}{\phi_{LT} + \sqrt{\phi_{LT}^2 - \beta\lambda_{LT}^2}} \quad \text{但是} \chi_{LT} \leq 1.0 \text{ 和} \chi_{LT} \leq \frac{1}{\lambda_{LT}^2} \tag{6.57}$$

式中:$\phi_{LT} = 0.5[1 + \alpha_{LT}(\overline{\lambda}_{LT} - \overline{\lambda}_{LT,0}) + \beta\overline{\lambda}_{LT}^2]$。

热轧或等效焊接截面的侧向扭转屈曲曲线选择表

条款NA.2.17 (英国国家附件的***条款NA.2.17*** 替代 EN 1993-1-1 的表*6.5*) 表 6.9

截 面	限 值	屈曲曲线
轧制对称 I 形和 H 形截面及热成型空心截面	$h/b \leq 2$ $2.0 < h/b \leq 3.1$ $h/b > 3.1$	*b* *c* *d*
角钢(弯矩作用在主平面)		*d*
所有其他热轧截面		*d*
焊接双轴对称截面和冷弯空心截面	$h/b \leq 2$ $2.0 \leq h/b < 3.1$	*c* *d*

条款NA.2.17 英国国家附件***条款NA.2.17*** 规定,对于所有轧制截面和管截面 $\overline{\lambda}_{LT,0} = 0.4$,$\beta = 0.75$。对于所有焊接截面 $\overline{\lambda}_{LT,0} = 0.2$,$\beta = 1.00$。

条款6.3.2.3 ***条款6.3.2.3*** 的方法规定用附加系数 f 来修正 χ_{LT}(如式(*6.58*)所示):

$$\chi_{LT,mod} = \frac{\chi_{LT}}{f} \quad \text{但是} \chi_{LT} \leq 1 \tag{6.58}$$

采用 $\chi_{LT,mod}$ 可进一步提高侧向扭转屈曲承载力,如果从安全角度考虑,可以忽略此。

系数 f 是在数值分析的基础上得到的:

$$f = 1 - 0.5(1 - k_c)[1 - 2.0(\overline{\lambda}_{LT,0} - 0.8)^2] \tag{D6.8}$$

条款NA.2.18 英国国家附件***条款NA.2.18*** 定义,$k_c = 1/\sqrt{C_1}$,其中 C_1 为等效均匀弯矩系数,其取决于弯矩图的形状,在随后会讨论。

条款6.3.2.2
条款6.3.2.3 图 6.22 将***条款6.3.2.2*** 的一般情况和***条款6.3.2.3*** 的热轧截面及等效焊接截面进行了比较。屈曲曲线 *b* 的缺陷系数 α_{LT} 被用来作为比较基准。整体上看,热轧或等效焊接情况优于一般情况。

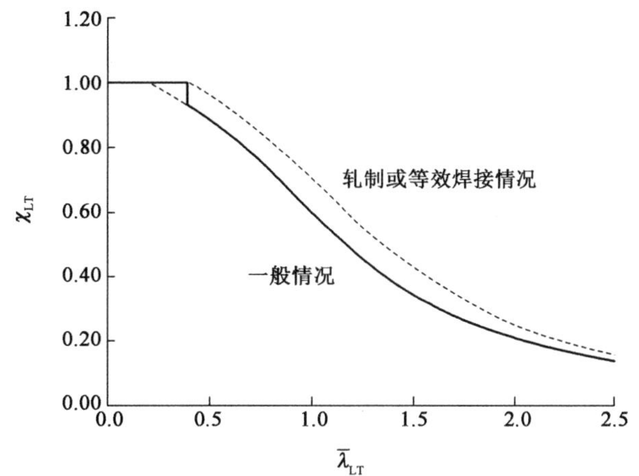

图 6.22　一般情况和轧制或等效焊接截面情况的侧向扭转屈曲曲线

侧向扭转屈曲的弹性临界弯矩 M_{cr}

如前面章节所示，确定侧向扭转屈曲的无量纲长细比 $\overline{\lambda}_{LT}$需要计算侧向扭转屈曲的弹性临界弯矩 M_{cr}。Eurocode 3 没有给出公式也没有给出如何计算 M_{cr}的指导，只是规定 M_{cr}应基于毛截面特性并考虑真实弯矩分布和侧向约束条件确定（***条款6.3.2.2(2)***）。然而，NCCCI SN002（SCI，2005a）和 NCCI SN003（SCI，2005b）给出了指导，其关键方面如下所述。此外，NCCCI SN002 中提供了一种确定梁长细比 λ_{LT}的简化方法，该方法不需要计算 M_{cr}，将在下一节中进行讨论。 ***条款6.3.2.2(2)***

等翼缘的等截面对称梁在两端标准约束，荷载通过剪切中心，受均匀弯矩条件下侧向扭转屈曲的弹性临界弯矩如式（D6.9）所示：

$$M_{cr,0} = \frac{\pi^2 EI_z}{L^2}\left(\frac{I_w}{I_z} + \frac{L^2 GI_T}{\pi^2 EI_z}\right)^{0.5} \tag{D6.9}$$

式中：$G = \dfrac{E}{2(1+\nu)}$；

I_T——扭转常数；

I_w——翘曲常数；

I_z——关于弱轴的截面惯性矩；

L——约束之间的梁长。

梁两端的标准约束为：限制侧向运动，限制绕纵轴转动，平面内可自由转动。式（D6.9）为 ENV 1993-1-1（1992）的资料性附录，是 Timoshenko 和 Gere（1961）的微分方程的精确解析解。

也计算了许多其他荷载条件下的数值解。对于等截面的双对称截面，荷载通过形心轴上的剪切中心，在如上的标准约束条件下，M_{cr}可通过式（D6.10）计算：

$$M_{cr} = C_1\frac{\pi^2 EI_z}{L^2}\left(\frac{I_w}{I_z} + \frac{L^2 GI_T}{\pi^2 EI_z}\right)^{0.5} \tag{D6.10}$$

式中，对于端弯矩荷载，C_1可由表 6.10 确定；对于横向荷载，C_1可由表 6.11 确定。系数 C_1用于修正 $M_{cr,0}$（即 $M_{cr} = C_1 M_{cr,0}$），以考虑弯矩图的形状，其作用类似于 BS 5950 中采用的系数 m。请注意,系数 C_1 的值是通过数值解得到的,为近似解;因此不同来源的值(例如 SCI, 2005a;Brettle 和 Brown, 2009)将略有不同。

表 6.10 中端弯矩的系数 C_1 可以近似由式(D6.10)得到,但也有其他的近似值(Galambos, 1998):

$$C_1 = 1.88 - 1.40\psi + 0.52\psi^2 \quad 但是\ C_1 \leqslant 2.70 \qquad (D6.11)$$

式中:ψ——端弯矩的比值(由表 6.10 定义)。

端弯矩的 C_1 值　　表 6.10

荷载和支承条件	弯矩图	C_1 值
M　ψM	$\psi=+1$	1.000
	$\psi=+0.75$	1.141
	$\psi=+0.5$	1.323
	$\psi=+0.25$	1.563
	$\psi=0$	1.879
	$\psi=-0.25$	2.281
	$\psi=-0.5$	2.704
	$\psi=-0.75$	2.927
	$\psi=-0.1$	2.752

图 6.23 将表 6.10 和式(D6.11)的 C_1 值进行了比较。如图 6.23 所示,诚如预期,最不利的加载条件(均匀弯矩,$\psi = 1.0$)下,M_{cr} 值最低。随着端弯矩比值 ψ 的减小,M_{cr} 的值增大,这些增加的 M_{cr} 主要与挠曲形状的改变有关,挠曲形状从均匀弯矩时的半正弦波($\psi = 1$)变为 $\psi = -1$ 时的反对称双半波(Trahair,1993)。在 C_1 值较高时,近似表达式(D6.11)和表 6.10 之间存在一定偏差。表 6.10的结果更准确些。因此式(D6.11)不适用于 C_1 大于 2.70 的情况。

当转动平面内受到不同程度的约束时,式(D6.10)可扩展为:

$$M_{cr} = C_1 \frac{\pi^2 EI_z}{(kL)^2}\left(\frac{I_w}{I_z} + \frac{(kL)^2 GI_T}{\pi^2 EI_z}\right) \qquad (D6.12)$$

式中:k——有效长度参数,其值在 Gardner (2011) 和 NCCI SN009 (SCI, 2005c) 中有给出。

更一般的表达式可以考虑弯矩图形状,不同的端部约束条件,翘曲约束,屈曲前的平面内曲率,以及荷载施加的位置,可根据 NCCI SN002 (SCI, 2005a)得到(不考虑平面内曲率的公式可根据 NCCI SN003 (SCI, 2005b)得到),如下所示:

横向荷载的 C_1 值　　　　表 6.11

荷载和支承条件	弯矩图	C_1 值
W		1.132
W		1.285
F		1.365
F		1.565
C_L F F = = = =		1.046

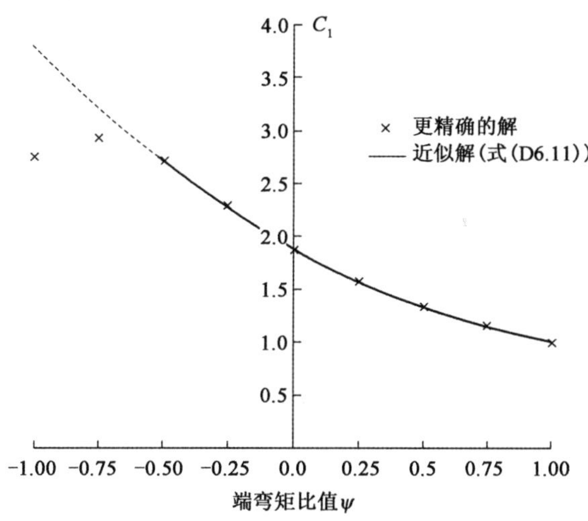

图 6.23　不同 ψ 对应的 C_1 近似值

$$M_{cr}=C_1\frac{\pi^2 EI_z}{(kL)^2 g}\left(\sqrt{\left(\frac{k}{k_w}\right)^2\frac{I_w}{I_z}+\frac{(kL)^2 GI_T}{\pi^2 EI_z}+(C_2 z_g)^2}-C_2 z_g\right)\tag{D6.13}$$

式中:g——梁屈曲前的平面内曲率,可由式(D6.14)得到,或保守地取 1;

k_w——翘曲约束参数;

z_g——荷载施加位置与剪切中心的距离(在剪切中心之上时为正);

C_2——与弯矩图形状相关的参数(SCI, 2005a;Gardner, 2011)。

当无法确定翘曲约束时,作为保守的假设,k_w 取 1。

$$g=\sqrt{1-\frac{I_z}{I_w}}\tag{D6.14}$$

确定长细比的简化方法 $\bar{\lambda}_{LT}$

确定梁的无量纲长细比 $\bar{\lambda}_{LT}$(***条款6.3.2.2***)需要精确地计算 M_{cr},对于一般情　　***条款6.3.2.2***

况采用式(D6.13),对于更直接的情况采用式(D6.12)和式(D6.10)。使用这种方法可以得到精确的侧向扭转屈曲承载力,也是最经济的设计。但是也可以在确定的过程中进行一些简化,这将大大加快计算过程,通常不会影响经济性。这些简化方法在 NCCI SN002 (SCI, 2005a)中有给出,总结如下。许多简化是关于双轴对称 I 形截面的。

条款6.3.2.2

变换***条款6.3.2.2***定义的梁的无量纲长细比 $\bar{\lambda}_{LT}$表达式为:

$$\bar{\lambda}_{LT}=\frac{1}{\sqrt{C_1}}UVD\bar{\lambda}_z\sqrt{\beta_w} \tag{D6.15}$$

式中:C_1——如前所述的等效均布弯矩系数;

U——和截面几何形状相关的参数,通过下式确定,其中的符号和之前定义的一致。

$$U=\sqrt{\frac{W_{pl,y}g}{A}\sqrt{\frac{I_z}{I_w}}} \tag{D6.16}$$

对于 UB 和 UC 截面,U 值的范围在 0.84 ~ 0.9 之间,可保守地取这些截面的上限值U=0.9。根据式(D6.16)计算的标准热轧截面的 U 值可见 SCI 的蓝皮书(SCI/BCSA, 2009)。

V 是和长细比有关的参数,定义如下:

$$V=\frac{1}{\sqrt[4]{\left(\frac{k}{k_w}\right)^2+\frac{\lambda_z^2}{(\pi^2E/G)(A/I_T)(I_w/I_z)}+(C_2z_g)^2\frac{I_z}{I_w}}} \tag{D6.17}$$

对于双轴对称的热轧 UB 和 UC 截面,在无不利荷载的情况下,V 可以保守地简化为:

$$V=\frac{1}{\sqrt[4]{1+\frac{1}{20}\left(\frac{\lambda_z}{h/t_f}\right)^2}} \tag{D6.18}$$

对于所有关于强轴对称的截面,在无不利荷载的情况下,V 可以保守地取为 1。

D 为荷载不利参数,用来考虑不利荷载(即荷载作用在梁的剪切中心之上,当梁屈曲时荷载随梁移动),如下式:

$$D=\frac{1}{\sqrt{1-V^2C_2z_g\sqrt{\frac{I_z}{I_w}}}} \tag{D6.19}$$

对于荷载施加在上翼缘的情况,保守地取 D=1.2。当无不利荷载时,D 取 1.0。

$\bar{\lambda}_z=\lambda_z/\lambda_1$是弱轴的无量纲长细比,其中 $\lambda_z=k_L/i_z$,其中 k 为有效长度参数。

β_w是考虑截面分类的参数;对于 1 类和 2 类截面,$\beta_w=1$, 对于 3 类截面,$\beta_w=W_{el,y}/W_{pl,y}$。

对于热轧双轴对称I形或H形截面，当梁端上翼缘存在侧向约束，无不利荷载作用时，梁的长细比$\overline{\lambda}_{LT}$可保守地从表6.12得到，表中的数值是根据式(D6.15)，在保守假设$C=1.0, U=0.9, V=1.0, D=1.0, k=1.0$和$\sqrt{\beta}=1$时得到的。注意，$\overline{\lambda}_{LT}$与屈服强度有关，对于每种钢材牌号，$\overline{\lambda}_{LT}$的表达式需要根据厚度范围($t\leqslant 16mm$和$16mm<t\leqslant 40mm$)进行调整。

不同牌号钢材的长细比　　表6.12

S235		S275		S355	
$f_y=235N/mm^2$	$f_y=225N/mm^2$	$f_y=275N/mm^2$	$f_y=265N/mm^2$	$f_y=355N/mm^2$	$f_y=345N/mm^2$
$\overline{\lambda}_{LT}=\frac{L/i_z}{104}$	$\overline{\lambda}_{LT}=\frac{L/i_z}{107}$	$\overline{\lambda}_{LT}=\frac{L/i_z}{96}$	$\overline{\lambda}_{LT}=\frac{L/i_z}{98}$	$\overline{\lambda}_{LT}=\frac{L/i_z}{85}$	$\overline{\lambda}_{LT}=\frac{L/i_z}{86}$

由表6.12得到的结果是偏安全的，但当弯矩图的形状明显不均匀时，可能会变得过于保守。通过将表6.12中给出的表达式乘以$1/\sqrt{C_1}$，与式(D6.15)类似，可以重新引入弯矩图形状的影响系数。

算例6.8　侧向扭转屈曲承载力

如图6.24所示，简支主梁跨度10.8m，由两根次梁支撑。次梁通过节点板连接到主梁的腹板上，在这些位置处可以假定为完全横向约束。为采用S275钢的主梁选择合适的构件。

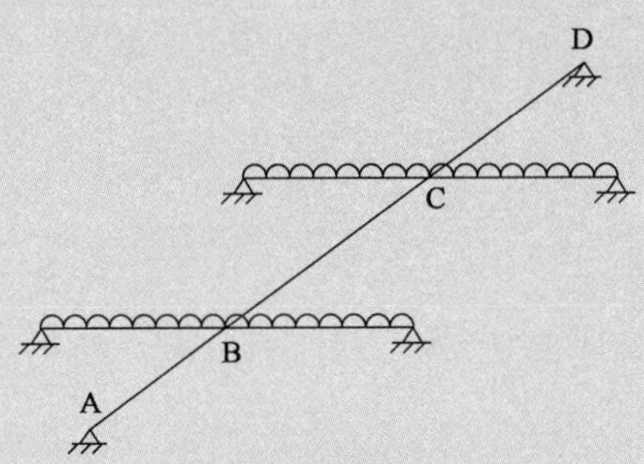

图6.24　布置图

荷载布置和剪力、弯矩图如图6.24和图6.25所示。

本算例将使用一般情况的侧向扭转屈曲曲线(***条款6.3.2.2***)。　　***条款6.3.2.2***

将验算梁段BC和梁段CD的侧向扭转稳定性，梁段AB并不是控制梁段。

考虑采用S275牌号的762×267×173 UKB截面。

截面特性

截面特性如图6.26所示。

材料公称厚度($t_f=21.6mm$和$t_w=14.3mm$)大于16mm但小于40mm，则对于S275钢，根据EN 10025-2，其名义屈服强度f_y为$265N/mm^2$。

根据***条款3.2.6***：　　***条款3.2.6***

$E=210000N/mm^2$

$G\approx 81000N/mm^2$

条款6.2.5

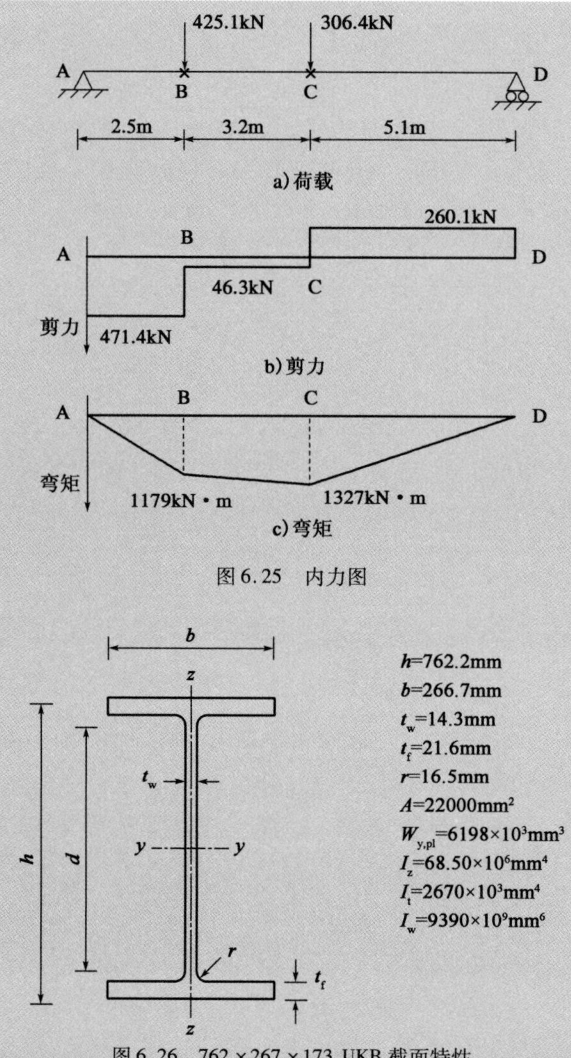

图 6.25　内力图

图 6.26　762 × 267 × 173 UKB 截面特性

条款5.5.2

截面分类(条款5.5.2)

$\varepsilon = \sqrt{235 f_y} = \sqrt{235/265} = 0.94$

外伸翼缘(表5.2,第 2 栏):

$c_f = (b - t_w - 2r)/2 = 109.7\text{mm}$

$c_f/t_f = 109.7/21.6 = 5.08$

1 类翼缘的限值 $= 9\varepsilon = 8.48$

$8.48 > 5.08$　∴ 翼缘属于 1 类。

内部受弯腹板(表5.2,第 1 栏):

$c_w = h - 2t_f - 2r = 686.0\text{mm}$

$c_w/t_w = 686.0/14.3 = 48.0$

1 类腹板限值 $= 72\varepsilon = 67.8$

$67.8 > 48.0$　∴ 腹板属于 1 类。

因此整个截面分类为 1 类。

截面抗弯承载力(条款6.2.5) 条款6.2.5

$$M_{c,y,Rd}=\frac{W_{pl,y}f_y}{\gamma_{M0}} \quad (6.13)$$

根据英国国家附件**条款NA.2.15**，$\gamma_{M0}=1.00$。 条款NA.2.15

截面抗弯承载力为：

$$M_{c,y,Rd}=\frac{6198\times10^3\times265}{1.00}=1642\times10^6\text{N}\cdot\text{mm}=1642\text{kN}\cdot\text{m}$$

$1642\text{kN}\cdot\text{m}>1327\text{kN}\cdot\text{m}$　∴ 截面抗弯承载力满足要求。

截面抗剪承载力(条款6.2.6) 条款6.2.6

$$V_{pl,Rd}=\frac{A_v(f_y/\sqrt{3})}{\gamma_{M0}} \quad (6.18)$$

荷载平行于腹板的热轧 I 形截面剪切面积 A_v 如下：

$A_v=A-2bt_f+(t_w+2r)t_f$　(但不小于 $\eta h_w t_w$)

根据 EN 1993-1-5 的英国国家附件***条款NA.2.4***，$\eta=1.0$。 条款NA.2.4

$h_w=h-2t_f=762.2-(2\times21.6)=719.0\text{mm}$

$\therefore A_v=22000-(2\times266.7\times21.6)+(14.3+2\times16.5)\times21.6$

$=11500\text{mm}^2$　(但不小于 $1.0\times719.0\times14.3=10282\text{mm}^2$)

$$V_{pl,Rd}=\frac{11500\times(265/\sqrt{3})}{1.00}=1759000\text{N}=1759\text{kN}$$

满足以下条件时则无须考虑剪切屈曲：

对于无加劲肋腹板 $\frac{h_w}{t_w}\leqslant72\frac{\varepsilon}{\eta}$

$72\frac{\varepsilon}{\eta}=72\times\frac{0.94}{1.0}=67.8$

$h_w/t_w=719.0/14.3=50.3$

$50.3\leqslant67.8$　∴ 不需要验算剪切屈曲。

$1759\text{kN}>471.4\text{kN}$　∴ 抗剪承载力满足要求。 条款6.2.8

弯剪作用下的截面承载力(条款6.2.8)

条款6.2.8 规定，如果剪力 V_{Ed} 小于塑性抗剪承载力 $V_{pl,Rd}$ 的一半，则剪力对抗弯承载力的影响可以忽略，除非剪切屈曲降低了截面承载力。在这种情况下，不考虑剪切屈曲的折减(见上文)，最大剪力($V_{Ed}=471.4\text{kN}$)小于塑性抗剪承载力的一半($V_{pl,Rd}=1759\text{kN}$)。 条款6.3.2.2

侧向扭转屈曲验算(条款6.3.2.2)：梁段BC

$M_{Ed}=1327\ \text{kN}\cdot\text{m}$

$$M_{b,Rd}=\chi_{LT}W_y\frac{f_y}{\gamma_{M1}} \quad (6.55)$$

式中:对于 1 类或 2 类截面,$W_y = W_{pl,y}$。

确定 M_{cr}:梁段 BC($L=3200$mm)

弹性临界弯矩 M_{cr}根据下式确定:

$$M_{cr} = C_1 \frac{\pi^2 EI_z}{L^2}\left(\frac{I_w}{I_z} + \frac{L^2 GI_T}{\pi^2 EI_z}\right)^{0.5} \tag{D6.10}$$

无不利荷载,有效长度参数假定为 1。

根据式(D6.11),近似 C_1值为:

$C_1 = 1.88 - 1.40\psi + 0.52\psi^2$　　(但 $C_1 \leqslant 2.7$)

式中:ψ——端弯矩比值,为 1179/1327 = 0.89。

$\Rightarrow C_1 = 1.05$

$$\therefore M_{cr} = 1.05 \times \frac{\pi^2 \times 210000 \times 68.5 \times 10^6}{3200^2} \times \left(\frac{9390 \times 10^9}{68.5 \times 10^6} + \frac{3200^2 \times 81000 \times 2670 \times 10^3}{\pi^2 \times 210000 \times 68.5 \times 10^6}\right)^{0.5}$$

$$= 5670 \times 10^6 \text{N} \cdot \text{mm} = 5670 \text{kN} \cdot \text{m}$$

无量纲侧向扭转长细比 $\overline{\lambda}_{LT}$:梁段 BC

$$\overline{\lambda}_{LT} = \sqrt{\frac{W_y f_y}{M_{cr}}} = \sqrt{\frac{6198 \times 10^3 \times 265}{5670 \times 10^6}} = 0.54$$

屈曲曲线和缺陷系数 α_{LT}的选择

根据表 6.8(EN 1993-1-1 的表*6.4*):

$h/b = 762.2/266.7 = 2.85$

因此,对于 $h/b > 2$ 热轧 I 形截面,采用屈曲曲线 b。

根据表 6.7(EN 1993-1-1 表*6.3*),对于屈曲曲线 b,$\alpha_{LT} = 0.34$。

计算侧扭屈曲折减系数 χ_{LT}:梁段 BC

$$\chi_{LT} = \frac{1}{\Phi_{LT} + \sqrt{\Phi_{LT}^2 - \overline{\lambda}_{LT}^2}} \quad \text{但是} \chi_{LT} \leqslant 1.0 \tag{6.56}$$

式中:

$$\Phi_{LT} = 0.5 \times [1 + \alpha_{LT}(\overline{\lambda}_{LT} - 0.2) + \overline{\lambda}_{LT}^2]$$

$$= 0.5 \times [1 + 0.34 \times (0.54 - 0.2) + 0.54^2] = 0.70$$

$$\therefore \quad \chi_{LT} = \frac{1}{0.70 + \sqrt{0.70^2 - 0.54^2}} = 0.87$$

侧向扭转屈曲承载力:梁段 BC

$$M_{b,Rd} = \chi_{LT} W_y \frac{f_y}{\gamma_{M1}} \tag{6.55}$$

$$= 0.87 \times 6198 \times 10^3 \times (265/1.0)$$

$$= 1424 \times 10^6 \text{N} \cdot \text{mm} = 1424 \text{kN} \cdot \text{m}$$

$$\frac{M_{Ed}}{M_{b,Rd}} = \frac{1327}{1424} = 0.93$$

0.93≤1.0　∴ 梁段 BC 满足要求。

侧向扭转屈曲性验算(条款6.3.2.2):梁段CD　　*条款6.3.2.2*

$M_{Ed}=1327\text{kN}\cdot\text{m}$

确定 M_{cr}:梁段 CD($L=5100\text{mm}$)

$$M_{cr}=C_1\frac{\pi^2 EI_z}{L^2}\left(\frac{I_w}{I_z}+\frac{L^2 GI_T}{\pi^2 EI_z}\right)^{0.5} \tag{D6.10}$$

根据表 6.11(或根据式(D6.11))确定 C_1:

ψ 为端弯矩比值,取 0/1362 = 0

由表 6.11⇒$C_1=1.879$

$$\therefore M_{cr}=1.87\times\frac{\pi^2\times 210000\times 68.5\times 10^6}{5100^2}\times\left(\frac{9390\times 10^9}{68.5\times 10^6}+\frac{5100^2\times 81000\times 2670\times 10^3}{\pi^2\times 210000\times 68.5\times 10^6}\right)^{0.5}$$

$$=4311\times 10^6\text{N}\cdot\text{mm}=4311\text{kN}\cdot\text{m}$$

无量纲侧向扭转长细比 $\bar{\lambda}_{LT}$:梁段 CD

$$\bar{\lambda}_{LT}=\sqrt{\frac{W_y f_y}{M_{cr}}}=\sqrt{\frac{6198\times 10^3\times 265}{4311\times 10^6}}=0.62$$

屈曲曲线和缺陷系数 α_{LT} 同梁段 BC。

计算侧扭屈曲折减系数 χ_{LT}:梁段 CD

$$\chi_{LT}=\frac{1}{\Phi_{LT}+\sqrt{\Phi_{LT}^2-\lambda_{LT}^2}}\quad \text{但是}\chi_{LT}\leq 1.0 \tag{6.56}$$

式中:$\Phi_{LT}=0.5[1+\alpha_{LT}(\bar{\lambda}_{LT}-0.2)+\bar{\lambda}_{LT}^2]$

$$=0.5\times[1+0.34\times(0.62-0.2)+0.62^2]=0.76$$

$$\therefore\quad \chi_{LT}=\frac{1}{0.76+\sqrt{0.76^2-0.62^2}}=0.83$$

侧向扭转屈曲承载力:梁段 CD

根据英国国家附件***条款NA.2.15***,$\gamma_{M1}=1.00$。　　*条款NA.2.15*

$$M_{b,Rd}=\chi_{LT}W_y\frac{f_y}{\gamma_{M1}} \tag{6.55}$$

$$=0.83\times 6198\times 10^3\times(265/1.0)$$

$$=1360\times 10^6\text{N}\cdot\text{mm}=1360\text{kN}\cdot\text{m}$$

$$\frac{M_{Ed}}{M_{b,Rd}}=\frac{1327}{1360}=0.98$$

0.98≤1.0　∴ 梁段 CD 满足要求。

结论

梁段 CD 侧向稳定性控制设计。选择 S275 钢、762×267×173 UKB 截面满足要求。

建筑中有约束梁的简化评估方法

条款6.3.2.4

条款 *6.3.2.4* 提供了一个快速、近似和保守的方法,用来确定最大设计弯矩 $M_{y,Ed}$作用下,有效侧向约束间梁段长度 L_c是否满足要求,其中,$M_{y,Ed}$表达为截面抗弯承载力 $M_{c,Rd}$的一部分。在确定 $M_{c,Rd}$时,W_y为与受压翼缘相关的截面模量。

对于最简单的情况,当钢材强度 $f_y = 235N/mm^2$(因此 $\varepsilon = 1.0$),$M_{y,Ed}$等于 $M_{c,Rd}$时,假定为均匀弯矩加载,则评估公式简化为:

$$L_c \leqslant 37.6 i_{f,z} \qquad (D6.20)$$

式中:$i_{f,z}$——受压翼缘加上三分之一腹板受压部分绕弱轴的回转半径,根据英国国家附件**条款 *NA.2.19***,取 $\bar{\lambda}_{c0} = 0.4$。

条款NA.2.19

更一般地,该限值可以表达为式(*6.59*):

$$\bar{\lambda}_f = \frac{k_c L_c}{i_{f,z}\lambda_1} \leqslant \bar{\lambda}_{c0}\frac{M_{c,Rd}}{M_{y,Rd}} \qquad (6.59)$$

条款NA.2.18

式中,$k_c = 1/\sqrt{C_1}$,根据英国国家附件**条款 *NA.2.18*** 并考虑约束点间的弯矩图,C_1可根据表 6.10 或表 6.11 得到,$\lambda_1 = 93.9\varepsilon$。

显然,如果所需的力矩 $M_{y,Ed}$小于 $M_{c,Rd}$,那么长细比的值 $\bar{\lambda}_f$和 L_c将按比例增加。

6.3.3　等截面构件受弯和轴向受压

受双向弯曲和轴压作用的构件(梁柱)表现出复杂的结构特性。绕强轴和弱轴的一阶弯矩(分别为 $M_{y,Ed}$和 $M_{z,Ed}$)是由侧向荷载和/或端弯矩产生的。轴向荷载 N_{Ed}的增加显然会增加构件中的轴力,同时也增大了绕两个主轴的弯矩(二阶弯矩)。由于一般情况下,两个主轴的弯矩分布是不均匀的(因此,在沿构件长度的任何一点上都可能出现负载最大的截面),加上两个主平面的响应之间存在耦合,设计处理必然是复杂的。梁柱构件的特性和设计可见 Chen 和 Atsuta(1977)的著作。

虽然在两个主平面上构件响应之间存在耦合,但在设计中通常不考虑这种耦合。取而代之的是一对相互作用方程,它本质上是验算构件每个主轴(*y-y* 和 *z-z*)的承载力。在**条款 *6.3.3*** 中,提供了一对相互作用方程(见式(*6.61*)和式(*6.62*)),以验算在受到已知弯矩和轴向力并处于约束之间的各个构件长度的承载力。必须满足两个相互作用方程。应通过使用适当增强的端弯矩或使用合适的屈曲长度来考虑二阶效应(*P-Δ* 效应)。需要特别指出的是,构件每端的截面承载力应根据**条款 *6.2*** 的要求进行验算。

条款6.3.3

条款6.2

有两类问题

■ 构件对于扭转变形不敏感;

■ 构件对于扭转变形敏感。

前者适用于不可能发生侧向扭转屈曲的情况,例如采用方形或圆形空心截面,以及防止扭转变形的布置,如限制扭转的开口截面。建筑结构中的大多数I形和H形截面都属于第二类。

乍看上去,式(*6.61*)和式(*6.62*)与BS 5950第1部分的条款4.8.3.3中给出的方程相似。但是相互作用系数k的确定要比BS 5950第1部分复杂得多。对于4类截面,只考虑中性轴(从毛截面到有效截面)的偏移,公式如下:

$$\frac{N_{Ed}}{\chi_y N_{Rk}/\gamma_{M1}}+k_{yy}\frac{M_{y,Ed}}{\chi_{LT}M_{y,Rk}/\gamma_{M1}}+k_{yz}\frac{M_{z,Ed}}{M_{z,Rk}/\gamma_{M1}}\leq 1 \tag{6.61}$$

$$\frac{N_{Ed}}{\chi_z N_{Rk}/\gamma_{M1}}+k_{zy}\frac{M_{y,Ed}}{\chi_{LT}M_{y,Rk}/\gamma_{M1}}+k_{zz}\frac{M_{z,Ed}}{M_{z,Rk}/\gamma_{M1}}\leq 1 \tag{6.62}$$

式中:N_{Ed}、$M_{y,Ed}$、$M_{z,Ed}$——沿着构件y-y轴和z-z轴的压力和最大弯矩的设计值;

N_{Rk}、$M_{y,Rk}$、$M_{z,Rk}$——沿着构件y-y轴和z-z轴的截面抗压承载力和抗弯承载力标准值;

χ_y、χ_z——根据***条款6.3.1***确定的弯曲屈曲折减系数; ***条款6.3.1***

χ_{LT}——根据***条款6.3.2***确定的弯扭屈曲折减系数,对扭转变形不敏感时取1; ***条款6.3.2***

k_{yy}、k_{yz}、k_{zy}、k_{zz}——相互作用系数k_{ij}。

截面承载力标准值N_{Rk}、$M_{y,Rk}$和$M_{z,Rk}$可以作为承载力设计值进行计算,不需要除以分项系数γ_M。标准值和设计值之间的关系见式(*2.1*)。

相互作用系数k_{ij}的值可按***附录A***(备选方法1)或***附录B***(备选方法2)中给出的两种方法之一获得。这源于两种不同的处理梁柱相互作用问题的方法——增强弹性承载力,考虑屈曲效应包括截面的局部塑性,或者降低截面塑性承载力以考虑屈曲效应。这两种方法区分了易受扭转影响的截面和不受扭转影响的截面,以及弹性(3类和4类截面)和塑性(1类和2类截面)的特性。本指南的第8章和第9章将更详细地讨论这些方法。英国国家附件将*附录A*的适用范围限制在双对称截面,而更简单的*附录B*可以适用于所有情况,但对I形、H形或空心截面以外的截面有一些限制。

相互作用系数的确定可能是一个相当漫长的过程,由于许多中间参数缺乏明确的物理意义,很容易出错。建议采用程序计算,例如使用电子表格或编程辅助计算。为了便于设计,Brettle和Brown(2009)(基于*附录B*)提供了一种精确确定相互作用系数的图形化方法,以及一组可以直接用于式(*6.61*)和式(*6.62*)的安全(最大)值。表6.13给出的这些安全值为手工计算提供了方便,但通常会过于保守。

相互作用系数安全(最大)值　　表6.13

相互作用系数	1类和2类截面	3类截面
k_{yy}	$1.8C_{my}$	$1.6C_{my}$
k_{yz}	$0.6k_{zz}$	k_{zz}
k_{zy}	1.0	1.0
k_{zz}	$2.4C_{mz}$	$1.6C_{mz}$

除了确定相互作用系数外,所有其他计算都与本指南前两部分描述的受压或受弯作用下的单个构件验算有关。

算例6.9 为当计算绕强轴压弯作用下的构件承载力时,采用备选方法 1(*附录A*)确定所需相互作用系数 k_{ij}的方法。

算例 6.9　轴向压力与绕强轴弯矩同时作用下的构件承载力

在某多层建筑中,采用矩形空心截面(RHS)构件作为主梁,跨度 7.2m。次梁对主梁(位置 B 和位置 C)施加两个集中荷载,其设计值均为 58kN,如图 6.27 所示。次梁通过节点板连接到主梁的腹板上,在这些点上可以假定存在完全的侧向扭转约束。主梁还承受轴向力设计值 90kN。

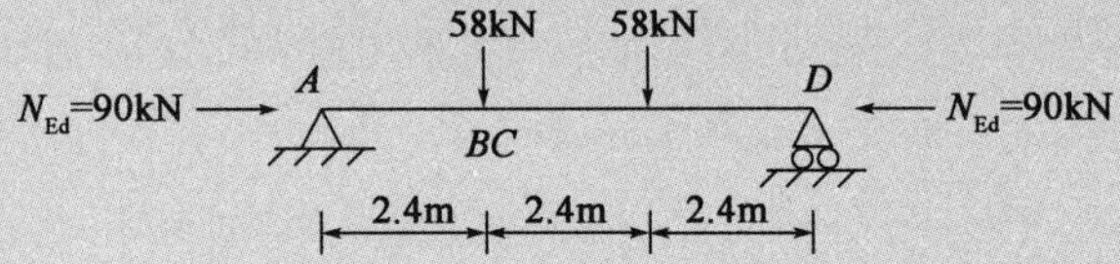

图 6.27　结构布置与荷载

评估 S355 钢、热轧 200 × 100 × 16 RHS 管截面是否适用。

在本例中,相互作用系数 k_{ij}(用于压弯作用下的构件校核)采用备选方法 1(*附录A*)确定,该方法将在本指南的第 8 章中讨论。

截面特性

截面特性如图 6.28 所示。

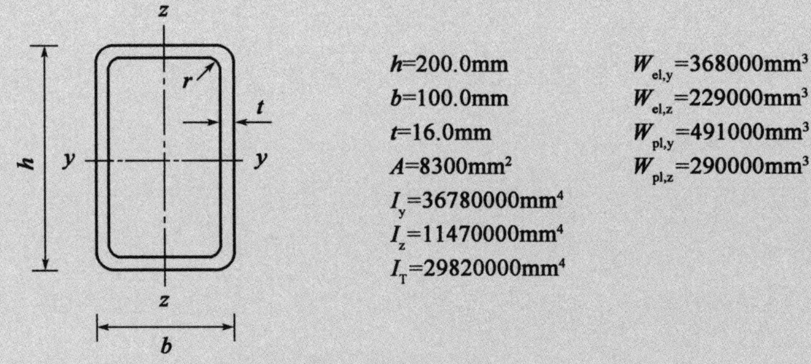

图 6.28　200 × 100 × 16 RHS 的截面特性

材料公称厚度(t = 16.0mm)小于或等于 16mm,则对于 S355 钢,根据 EN 10210-1,其名义屈服强度f_y为 355N/mm^2。

条款3.2.6

根据***条款3.2.6***:

$E = 210000\text{N/mm}^2$

$G \approx 81000\text{N/mm}^2$

条款5.5.2

截面分类(条款5.5.2)

$\varepsilon = \sqrt{235/f_y} = \sqrt{235/355} = 0.81$

对于 RHS 截面，受压宽度 c 可取为 h(或 b) $-3t$。

内部受压腹板(表5.2，第 1 栏)：

$c_f = b - 3t = 100.0 - (3 \times 16.0) = 52.0\text{mm}$

$c_f/t = 52.0/16.0 = 3.25$

1 类翼缘的限值 $= 33\varepsilon = 26$

26.85 > 3.25　∴ 翼缘属于 1 类。

内部受压腹板(表5.2，第 1 栏)：

$c_w = h - 3t = 200.0 - (3 \times 16.0) = 152.0\text{mm}$

$c_w/t = 152.0/16.0 = 9.50$

1 类腹板的限值 $= 33\varepsilon = 26$

26.85 > 9.50　∴ 腹板属于 1 类。

因此，整个截面分类为 1 类(在纯压下)。

截面抗压承载力(条款6.2.4)　*条款6.2.4*

截面抗压承载力设计值 $N_{c,Rd}$：

$$N_{c,Rd} = \frac{Af_y}{\gamma_{M0}} \quad \text{对于 1 类、2 类或 3 类截面} \tag{6.10}$$

$$= \frac{8300 \times 355}{1.00} = 2946500\text{N} = 2946.5\text{kN}$$

2946.5kN > 90kN　∴ 满足要求。

截面抗弯承载力(条款6.2.5)　*条款6.2.5*

最大弯矩：

$M_{y,Ed} = 2.4 \times 58 = 139.2\text{kN} \cdot \text{m}$

绕截面强轴的抗弯承载力设计值：

$$M_{c,y,Rd} = \frac{W_{pl,y} f_y}{\gamma_{M0}} \quad \text{对于 1 类或 2 类截面} \tag{6.13}$$

$$= \frac{491000 \times 355}{1.00} = 174.3 \times 10^6 \text{N} \cdot \text{mm} = 174.3\text{kN} \cdot \text{m}$$

174.3kN · m > 139.2kN · m　∴ 满足要求。

截面抗剪承载力(条款6.2.6)　*条款6.2.6*

最大剪力：

$V_{Ed} = 58.0\text{kN}$

截面塑性抗剪承载力设计值：

$$V_{pl,Rd} = \frac{A_v (f_y/\sqrt{3})}{\gamma_{M0}} \tag{6.18}$$

荷载平行于高度的等厚轧制矩形管截面的剪切面积 A_v 如下：

$A_v = Ah/(b+h) = 8300 \times 200/(100+200) = 5533\text{mm}^2$

$$V_{pl,Rd}=\frac{5533\times(355/\sqrt{3})}{1.00}=1134\times10^3\,N=1134kN$$

满足以下条件时,则无须考虑剪切屈曲:

$\frac{h_w}{t_w}\leqslant72\frac{\varepsilon}{\eta}$　　对于无加劲肋腹板

条款NA.2.4

根据 EN 1993-1-5 的英国国家附件***条款NA.2.4***,$\eta=1.0$。

$h_w=(h-2t)=200-(2\times16.0)=168mm$

$72\frac{\varepsilon}{\eta}=72\times\frac{0.81}{1.0}=58.6$

$h_w/t_w=168/16.0=10.5$

$10.5\leqslant58.6$　∴ 不必验算剪切屈曲。

1134 > 58.0kN　∴ 抗剪承载力满足要求。

条款6.2.10

截面在弯矩、剪力、轴力作用下的承载力(条款6.2.10)

条款6.2.9

如果剪力 V_{Ed} 小于塑性抗剪承载力设计值 $V_{pl,Rd}$ 的 50%,则可忽略剪切屈曲,截面只需满足弯矩和轴力作用下的要求(***条款6.2.9***)。

本例中 $V_{Ed}<0.5V_{pl,Rd}$,可忽略剪切屈曲(见上述)。因此截面只需验算弯矩和轴力作用。

若同时满足以下两条,可忽略轴力的影响,不对塑性抗弯承载力折减。

$$N_{Ed}\leqslant0.25N_{pl,Rd}\tag{6.33}$$

$$N_{Ed}\leqslant\frac{0.5h_wt_wf_y}{\gamma_{M0}}\tag{6.34}$$

$0.25N_{pl,Rd}=0.25\times2946.5=736.6kN$

736.6kN > 90kN　∴ 满足式(*6.33*)。

$$\frac{0.5h_wt_wf_y}{\gamma_{M0}}=\frac{0.5\times168.0\times(2\times16.0)\times355}{1.0}=954.2kN$$

954.2kN > 90kN　∴ 满足式(*6.34*)。

因此无须考虑轴力对塑性抗弯承载力的影响。

条款6.3.1

受压构件屈曲承载力(条款6.3.1)

$$N_{b,Rd}=\frac{\chi Af_y}{\gamma_{M1}}\tag{6.47}$$

$$\chi=\frac{1}{\phi+\sqrt{\phi^2-\lambda^2}}\quad 但\chi\leqslant1.0\tag{6.49}$$

其中:

$\Phi=0.5[1+\alpha(\bar{\lambda}-0.2)+\bar{\lambda}^2]$

$\bar{\lambda}=\sqrt{\frac{Af_y}{N_{cr}}}$　　对于 1 类、2 类和 3 类截面

弯曲屈曲的弹性临界力和无量纲长细比

对于绕强轴(y-y)的屈曲,L_{cr}应取梁(AD)的全长,即7.2m。对于绕弱轴(z-z)的屈曲,L_{cr}应取侧向约束点之间的最大长度,即2.4m。

$$N_{cr,y}=\frac{\pi^2 EI_y}{L_{cr}^2}=\frac{\pi^2\times 210000\times 36780000}{7200^2}=1470\times 10^3\text{N}=1470\text{kN}$$

$$\therefore\quad \bar{\lambda}_y=\sqrt{\frac{8300\times 355}{1470\times 10^3}}=1.42$$

$$N_{cr,z}=\frac{\pi^2 EI_z}{L_{cr}^2}=\frac{\pi^2\times 210000\times 11470000}{2400^2}=4127\times 10^3\text{N}=4127\text{kN}$$

$$\therefore\quad \bar{\lambda}_z=\sqrt{\frac{8300\times 355}{4127\times 10^3}}=0.84$$

屈曲曲线和缺陷系数 α 的选择

热轧矩形管使用屈曲曲线a(表6.5(EN 1993-1-1 的表*6.2*))。

对于屈曲曲线a,$\alpha=0.21$(表6.4(EN 1993-1-1 的表*6.1*))。

屈曲曲线:强轴(y-y)

$$\Phi_y=0.5\times[1+0.21\times(1.42-0.2)+1.422]=1.63$$

$$\chi_y=\frac{1}{1.63+\sqrt{1.63^2-1.42^2}}=0.41$$

$$\therefore\quad N_{b,y,Rd}=\frac{0.41\times 8300\times 355}{1.0}=1209\times 10^3\text{N}=1209\text{kN}$$

1209kN >90kN ∴强轴弯曲屈曲承载力满足要求。

屈曲曲线:弱轴(z-z)

$$\Phi_z=0.5\times[1+0.21\times(0.84-0.2)+0.842]=0.92$$

$$\chi_z=\frac{1}{0.92+\sqrt{0.92^2-0.84^2}}=0.77$$

$$\therefore\quad N_{b,z,Rd}=\frac{0.77\times 8300\times 355}{1.0}=2266\times 10^3\text{N}=2266\text{kN}$$

1209kN >90kN ∴弱轴弯曲屈曲承载力满足要求。

受弯构件屈曲承载力(条款6.3.2) *条款6.3.2*

通过查看可知,中间梁段(BC)是关键的(因为它受到均匀弯曲,且长度与两个外侧梁段相等)。因此,只需要验算梁段BC。

$M_{Ed}=139.2\text{kN}\cdot\text{m}$

$$M_{b,Rd}=\chi_{LT}W_y\frac{f_y}{\gamma_{M1}}\qquad(6.55)$$

式中,对于1类或2类截面,$W_y=W_{pl,y}$。

确定 M_{cr} (kL_{cr} = 2400mm)

$$M_{cr}=C_1\frac{\pi^2EI_z}{(kL)^2}\left(\frac{I_w}{I_z}+\frac{(kL)^2GI_T}{\pi^2EI_z}\right)^{0.5} \quad (D6.12)$$

对于均匀弯矩,C_1 = 1.0(表 6.12)。

由于是闭口截面,翘曲分量可以忽略。

$$\therefore \quad M_{cr}=1.0\times\frac{\pi^2\times210000\times11.47\times10^6}{2400^2}\left(\frac{2400\times81000\times29.82\times10^6}{\pi^2\times210000\times11.47\times10^6}\right)^{0.5}$$

$$=3157\times10^6\text{N}\cdot\text{mm}=3157\text{k}\cdot\text{Nm}$$

无量纲侧向扭转长细比 $\overline{\lambda}_{LT}$:梁段 BC

$$\overline{\lambda}_{LT}=\sqrt{\frac{W_yf_y}{M_{cr}}}=\sqrt{\frac{491\times10^3\times355}{3157\times10^6}}=0.23$$

$\overline{\lambda}\leqslant\overline{\lambda}_{LT,0}=0.4$

条款6.3.2.2(4)

因此,侧向扭转屈曲效应可以忽略不计,χ_{LT} = 1.0(*条款6.3.2.2(4)*)。

侧向扭转屈曲承载力:梁段 BC

$$M_{b,Rd}=\chi_{LT}W_y\frac{f_y}{\gamma_{M1}}=1.0\times491\times10^3\times(355/1.0) \quad (6.55)$$

$$=174.3\times10^6\text{N}\cdot\text{mm}=174.3\text{kN}\cdot\text{m}$$

$$\frac{M_{Ed}}{M_{b,Rd}}=\frac{139.2}{174.3}=0.80$$

0.80≤1.0 ∴ 满足要求。

条款6.3.3

压弯构件屈曲承载力(条款6.3.3)

压弯构件必须同时满足式(*6.61*)和式(*6.62*)。

$$\frac{N_{Ed}}{\chi_yN_{Rk}/\gamma_{M1}}+k_{yy}\frac{M_{y,Ed}}{\chi_{LT}M_{y,Rk}/\gamma_{M1}}+k_{yz}\frac{M_{z,Ed}}{M_{z,Rk}/\gamma_{M1}}\leqslant1 \quad (6.61)$$

$$\frac{N_{Ed}}{\chi_zN_{Rk}/\gamma_{M1}}+k_{zy}\frac{M_{y,Ed}}{\chi_{LT}M_{y,Rk}/\gamma_{M1}}+k_{zz}\frac{M_{z,Ed}}{M_{z,Rk}/\gamma_{M1}}\leqslant1 \quad (6.62)$$

确定相互作用系数 k_{ij}(*附录A*)

对于本例,将使用备选方法 1(*附录A*)确定相互作用系数 k_{ij}。在这种情况下不需要考虑 k_{yz} 和 k_{zz},因为 $M_{z,Ed}=0$。

对于 1 类和 2 类截面:

$$k_{yy}=C_{my}C_{mLT}\frac{\mu_y}{1-N_{Ed}/N_{cr,y}}\frac{1}{C_{yy}}$$

$$k_{zy}=C_{my}C_{mLT}\frac{\mu_y}{1-N_{Ed}/N_{cr,y}}\frac{1}{C_{yy}}0.6\sqrt{\frac{w_y}{w_z}}$$

无量纲长细比

对于弯曲屈曲验算：

$\bar{\lambda}_y = 1.42$ 和 $\bar{\lambda}_z = 0.84$　$\therefore \bar{\lambda}_{max} = 1.42$

对于侧向扭转屈曲验算：

$\bar{\lambda}_{LT} = 0.23$ 和 $\bar{\lambda}_0 = 0.23$

等效均匀弯矩系数 C_{mi}

允许扭转变形($\bar{\lambda}_0 > 0$)。

根据弯矩图，$\psi_y = 1.0$。

因此，根据表 A.2，

$$C_{my,0} = 0.79 + 0.21\psi_y + 0.36(\psi_y - 0.33)\frac{N_{Ed}}{N_{cr,y}}$$

$$= 0.79 + (0.21 \times 1.0) + 0.36 \times (1.0 - 0.33)\frac{90}{1470} = 1.01$$

由于 $M_{z,Ed} = 0$，因此 $C_{mz,0} = C_{mz}$ 不需要考虑。

$$\varepsilon_y = \frac{M_{y,Ed}}{N_{Ed}}\frac{A}{W_{el,y}}$$　对于 1 类、2 类和 3 类截面

$$= \frac{139.2 \times 10^6}{90 \times 10^3}\frac{8300}{368000} = 34.9$$

$$\alpha_{LT} = 1 - \frac{I_T}{I_y} \geqslant 1.0 = 1 - \frac{29820000}{36780000} = 0.189$$

扭转屈曲的弹性临界力(见本指南的 13.7 节)

$$N_{cr,T} = \frac{1}{i_0^2}\left(GI_T + \frac{\pi^2 EI_w}{l_T^2}\right) \qquad \text{(D13.17)}$$

$i_y = (I_y/A)^{0.5} = (36780000/8300)^{0.5} = 66.6\text{mm}$

$i_z = (I_z/A)0.5 = (11470\ 000/8300)^{0.5} = 37.2\text{mm}$

$y_0 = z_0 = 0$(由于剪切中心与毛截面形心重合)

$i_0^2 = i_y^2 + i_z^2 + y_0^2 + z_0^2 = 66.6^2 + 37.2^2 = 5813\text{mm}^3$

由于是闭口截面，翘曲分量可以忽略。

$$\therefore \quad N_{cr,T} = \frac{1}{5813}(81000 \times 29820000)$$

$$= 415502 \times 10^3\text{N} = 415502\text{kN}$$

$$C_{my} = C_{my,0} + (1 - C_{my,0})\frac{\sqrt{\varepsilon_y}\,a_{LT}}{1 + \sqrt{\varepsilon_y}\,a_{LT}}$$

$$= 1.01 + (1 - 1.01)\frac{\sqrt{34.9} \times 0.189}{1 + \sqrt{34.9} \times 0.189} = 1.01$$

$$C_{mLT} = C_{my}^2 \frac{a_{LT}}{\sqrt{[1-(N_{Ed}/N_{cr,z})][1-(N_{Ed}/N_{cr,z})]}}$$

$$= 1.01^2 \frac{0.189}{\sqrt{[1-(90/4127)][1-(90/415502)]}} \geqslant 1.0(\text{但是} \geqslant 1.0)$$

$$\therefore \quad C_{mLT} = 1.00$$

其他辅助项

计算 k_{yy} 和 k_{zy} 所需确定的辅助项:

$$\mu_y = \frac{1-(N_{Ed}/N_{cr,y})}{1-\chi_y(N_{Ed}/N_{cr,y})} = \frac{1-(90/1470)}{1-0.41\times(90/1470)} = 0.96$$

$$\mu_z = \frac{1-(N_{Ed}/N_{cr,z})}{1-\chi_z(N_{Ed}/N_{cr,z})} = \frac{1-(90/4127)}{1-0.77\times(90/4127)} = 0.99$$

$$w_y = \frac{W_{pl,y}}{W_{el,y}} \leqslant 1.5 = \frac{491000}{368000} = 1.33$$

$$w_z = \frac{W_{pl,z}}{W_{el,z}} \leqslant 1.5 = \frac{290000}{229000} = 1.27$$

$$n_{pl} = \frac{N_{Ed}}{N_{RK}/\gamma_{M1}} = \frac{90}{2946/1.0} = 0.03$$

$$b_{LT} = 0.5a_{LT}\bar{\lambda}_0^2 \frac{M_{y,Ed}}{\chi_{LT}M_{pl,y,Rd}} \frac{M_{z,Ed}}{M_{pl,z,Rd}} = 0 \qquad (\text{因为 } M_{z,Ed}=0)$$

$$d_{LT} = 2a_{LT}\frac{\bar{\lambda}_0}{0.1+\bar{\lambda}_2^4} \frac{M_{y,Ed}}{C_{my}\chi_{LT}M_{pl,y,Rd}}, \frac{M_{z,Ed}}{C_{mz}M_{pl,z,Rd}} = 0 \qquad (\text{因为 } M_{z,Ed}=0)$$

C_{ij} 系数

$$C_{yy} = 1+(w_y-1)\left[\left(2-\frac{1.6}{w_y}C_{my}^2\bar{\lambda}_{max}-\frac{1.6}{w_y}C_{my}^2\bar{\lambda}_{max}^2\right)\eta_{pl}-b_{LT}\right] \geqslant \frac{W_{el,y}}{W_{pl,y}}$$

$$= 1+(1.33-1)\times\left\{\left[\left(2-\frac{1.6}{1.33}\times1.01^2\times1.42\right)-\left(\frac{1.6}{1.33}\times1.01^2\times1.42^2\right)\right]\times0.03-0\right\}$$

$$= 0.98 \qquad \left(\geqslant\frac{368000}{491000}=0.75\right)$$

$$\therefore \quad C_{yy} = 0.98$$

$$C_{zy} = 1+(w_y-1)[(2-14C_{my}^2\bar{\lambda}_{max}^2)n_{pl}-d_{LT}] \geqslant 0.6\sqrt{\frac{w_y}{w_z}\frac{w_{el,y}}{w_{pl,y}}}$$

$$= 1+(1.33-1)\times$$

$$\left[\left(2-14\times\frac{1.01^2\times1.42^2}{1.33^5}\right)\times0.03-0\right]$$

$$= 0.95 \qquad \left(\geqslant 0.6\times\sqrt{\frac{1.33}{1.27}\frac{368000}{491000}}=0.46\right)$$

$$\therefore \quad C_{zy} = 0.95$$

相互作用系数 k_{ij}

$$k_{yy} = C_{my} C_{mLT} \frac{\mu_y}{1 - N_{Ed}/N_{cr,y}} \frac{1}{C_{yy}}$$

$$= 1.01 \times 1.00 \times \frac{0.96}{1 - 90/1470} \times \frac{1}{0.98}$$

$$= 1.06$$

$$k_{zy} = C_{my} C_{mLT} \frac{\mu_y}{1 - N_{Ed}/N_{cr,y}} \frac{1}{C_{zy}} 0.6 \sqrt{\frac{w_y}{w_z}}$$

$$= 1.01 \times 1.00 \times \frac{0.99}{1 - 90/1470} \times \frac{1}{0.95} \times 0.6 \times \sqrt{\frac{1.33}{1.27}}$$

$$= 0.69$$

验算相互作用公式(式(*6.61*)和式(*6.62*))

$$\frac{N_{Ed}}{\chi_y N_{Rk}/\gamma_{M1}} + k_{yy} \frac{M_{y,Ed}}{\chi_{LT} M_{y,Rk}/\gamma_{M1}} + k_{yz} \frac{M_{z,Ed}}{M_{z,Rk}/\gamma_{M1}} \leqslant 1 \qquad (6.61)$$

$$\Rightarrow \frac{90}{(0.41 \times 2947)/1.0} + 1.06 \times \frac{139.2}{(1.0 \times 174.3)/1.0}$$

$$= 0.07 + 0.84 = 0.92 \qquad 0.92 \leqslant 1.0$$

∴　式(*6.61*)满足要求。

$$\frac{N_{Ed}}{\chi_z N_{Rk}/\gamma_{M1}} + k_{zy} \frac{M_{y,Ed}}{\chi_{LT} M_{y,Rk}/\gamma_{M1}} + k_{zz} \frac{M_{z,Ed}}{M_{z,Rk}/\gamma_{M1}} \leqslant 1 \qquad (6.62)$$

$$\Rightarrow \frac{90}{(0.77 \times 2947)/1.0} + 0.69 \times \frac{139.2}{(1.0 \times 174.3)/1.0}$$

$$= 0.04 + 0.55 = 0.59 \qquad 0.59 \leqslant 1.0$$

∴　式(*6.62*)满足要求。

因此,S355 钢、热轧 200 × 100 × 16 RHS 管截面满足要求。

与附录*B* 的方法比较,

$k_{yy} = 1.06 \quad k_{zy} = 1.00$

根据式(*6.61*),

$0.07 + 0.85 = 0.92$($0.92 \leqslant 1.0$　∴ 满足要求)

根据式(*6.62*),

$0.04 + 0.80 = 0.83$($0.83 \leqslant 1.0$　∴ 满足要求)

算例 6.10 为当计算双轴压弯作用下构件承载力时,采用备选方法 2(附录*B*)确定所需相互作用系数 k_{ij} 的方法。

算例 6.10　轴心压力与双向弯矩同时作用下的构件承载力

某多层建筑的底层柱为长 4.2m 的 H 型钢。框架平面内受弯，平面外有支撑。由于水平力的作用，柱强轴受弯；由于楼面梁的偏心荷载作用，柱弱轴也受弯。根据结构分析，图 6.29 为柱的作用效应设计值。

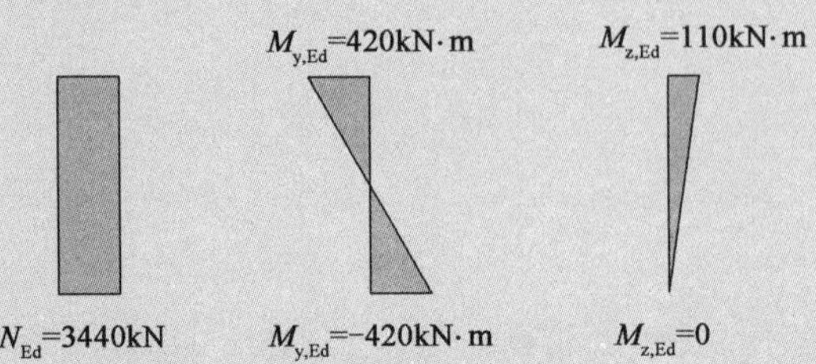

图 6.29　H 型钢柱上的作用效应设计值

评估 S355 钢、热轧 305×305×240 H 形截面是否适用。

在本例中，相互作用系数 k_{ij}（用于双向压弯作用下的构件校核）采用备选方法 2（附录 *B*）确定，该方法将在本指南的第 9 章讨论。

截面特性

截面特性如图 6.30 所示。

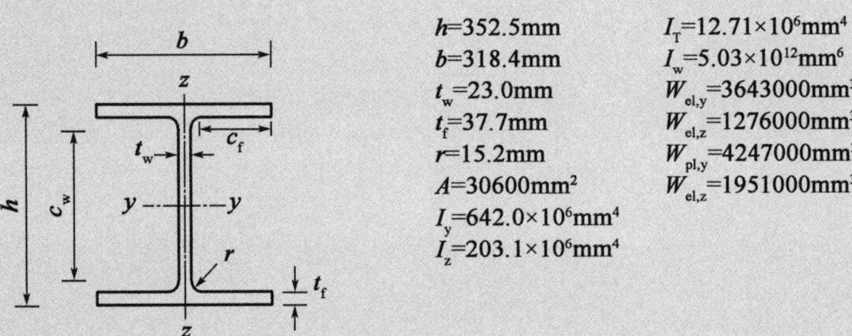

图 6.30　H 型钢 305×305×240 的截面特性

材料公称厚度（t_f = 37.7mm 和 t_w = 23.0mm）大于 16mm 但小于 40mm，则对于 S275 钢，根据 EN 10025-2，其名义屈服强度 f_y 为 265N/mm²。

条款 3.2.6

根据***条款 3.2.6***：

$E = 210000\ \text{N/mm}^2$

$G \approx 81000\ \text{N/mm}^2$

条款 5.5.2

截面分类（条款 5.5.2）

$\varepsilon = \sqrt{235/f_y} = \sqrt{235/265} = 0.94$

外伸翼缘（表 5.2，第 2 栏）：

$c_f = (b - t_w - 2r)/2 = 132.5\ \text{mm}$

$c_f/t_f = 132.5/37.7 = 3.51$

1 类翼缘限值 $=9\varepsilon=8.48$

$8.48>3.51$　∴ 翼缘属于 1 类。

内部受压腹板(表5.2,第 1 栏):

$c_w = h-2t_f-2r=246.7\text{mm}$

$h_w/t_w=168/16.0=10.5$

1 类腹板的限值 $=33\varepsilon=31.08$

$31.08>10.73$　∴ 腹板为 1 类。

因此整个截面分类为 1 类。

截面抗压承载力(条款6.2.4)

条款6.2.4

截面抗压承载力设计值:

$$N_{c,Rd}=\frac{Af_y}{\gamma_{M0}} \quad \text{对于 1 类、2 类或 3 类截面} \tag{6.10}$$

$$=\frac{30600\times265}{1.00}=8109000\text{N}=8109\text{kN}$$

$8109\text{kN}>3440\text{kN}$　∴ 满足要求。

截面抗弯承载力(条款6.2.5)

条款6.2.5

强轴(*y-y*):

最大弯矩:

$M_{y,Ed}=110.0\ \text{kN}\cdot\text{m}$

截面强轴的抗弯承载力设计值:

$$M_{c,y,Rd}=\frac{W_{pl,y}f_y}{\gamma_{M0}} \quad \text{对于 1 类或 2 类截面} \tag{6.13}$$

$$=\frac{4247000\times265}{1.00}=1125\times10^6\text{N}\cdot\text{mm}=1125\text{kN}\cdot\text{m}$$

$517.0\text{kN}\cdot\text{m}>110.0\text{kN}\cdot\text{m}$　∴ 满足要求。

弱轴(*z-z*):

最大弯矩:

$M_{y,Ed}=110.0\text{kN}\cdot\text{m}$

截面弱轴的抗弯承载力设计值:

$$M_{c,z,Rd}=\frac{W_{pl,z}f_y}{\gamma_{M0}}=\frac{1951000\times265}{1.00}=517.0\times10^6\text{N}\cdot\text{mm}=517.0\text{kN}\cdot\text{m}$$

$517.0\text{kN}\cdot\text{m}>110.0\text{kN}\cdot\text{m}$　∴ 满足要求

截面抗剪承载力(条款6.2.6)

条款6.2.6

截面塑性抗剪承载力设计值:

$$V_{pl,Rd}=\frac{A_v(f_y/\sqrt{3})}{\gamma_{M0}} \tag{6.18}$$

荷载平行于腹板

最大剪力:

$V_{Ed} = 840/4.2 = 200\text{kN}$

荷载平行于腹板的热轧 H 形截面剪切面积 A_v 如下:

$A_v = A - 2bt_f + (t_w + 2r)t_f$　　(但不小于 $\eta h_w t_w$)

条款*NA.2.4*　根据 EN 1993-1-5 的英国国家附件**条款*NA.2.4***,$\eta = 1.0$。

$h_w = h - 2t_f = 352.5 - 2 \times 37.7 = 277.1\text{mm}$

$\therefore \quad A_v = 30600 - 2 \times 318.4 \times 37.7 + (23.0 + 2 \times 15.2) \times 37.7$

$= 8606\ \text{mm}^2$　　(但不小于 $1.0 \times 277.1 \times 23.0 = 6373\text{mm}^2$)

$$V_{pl,Rd} = \frac{8606 \times (265/\sqrt{3})}{1.00} = 1317 \times 10^3\text{N} = 1317\text{kN}$$

$1317\text{kN} > 200\text{kN}$　∴ 满足要求。

荷载平行于翼缘

最大剪力:

$V_{Ed} = 110/4.2 = 26.2\text{kN}$

EN 1993-1-1 中没有提供关于确定平行于轧制工字钢或 H 型钢翼缘的剪切面积规定,但可以假定采用焊接工字钢或 H 型钢的规定。

剪切面积 A_v 可取为:

$A_w = A - \sum(h_w t_w) = 30600 - 277.1 \times 23.0 = 24227\text{mm}^2$

$$\therefore \quad V_{pl,Rd} = \frac{24227 \times (265/\sqrt{3})}{1.00} = 3707 \times 10^3\text{N} = 3707\text{kN}$$

$3707\text{kN} > 26.2\text{kN}$　∴ 满足要求。

剪切屈曲

满足以下条件时,则无须考虑剪切屈曲

$\frac{h_w}{t_w} \leqslant 72\frac{\varepsilon}{\eta}$　　对于无加劲肋腹板

条款*NA.2.4*　根据 EN 1993-1-5 的英国国家附件**条款*NA.2.4***,$\eta = 1.0$。

$72\frac{\varepsilon}{\eta} = 72 \times \frac{0.94}{1.0} = 67.8$

$h_w/t_w = 277.1/23.0 = 12.0$

$12.0 \leqslant 67.8$　∴ 不需要验算剪切屈曲。

条款*6.2.10*　***截面在弯、剪、轴力作用下的承载力(条款6.2.10)***

条款*6.2.9*　如果剪力 V_{Ed} 小于塑性抗剪承载力设计值 $V_{pl,Rd}$ 的 50%,则可忽略剪切屈曲,截面只需要满足弯矩和轴力作用下的要求(**条款*6.2.9***)。

本例中,对于两个轴,$V_{Ed} < V_{pl,Rd}$,剪切屈曲可忽略。因此截面只需验算压弯作用下的承载力。

若同时满足以下两条件，可忽略轴力的影响，不对塑性抗弯承载力折减。

$$N_{Ed} \leqslant 0.25 N_{pl,Rd} \tag{6.33}$$

$$N_{Ed} \leqslant \frac{0.5 h_w t_w f_y}{\gamma_{M0}} \tag{6.34}$$

$0.25N_{pl,Rd} = 0.25 \times 8415 = 2104\text{kN}$

$3440\text{kN} > 2104\text{kN}$　∴式（*6.33*）不满足。

$\frac{0.5h_w t_w f_y}{\gamma_{M0}} = \frac{0.5 \times 277.1 \times 23.0 \times 265 \times 355}{1.0} = 844.5 \times 10^3\text{N} = 844.5\text{kN}$

$3440\text{kN} > 844.5\text{kN}$　∴式（*6.34*）不满足。

因此必须考虑轴力对塑性抗弯承载力的影响。

如果轴力满足下式的要求，则可不对弱轴的塑性抗弯承载力折减：

$$N_{Ed} \leqslant \frac{h_w t_w f_y}{\gamma_{M0}} \tag{6.35}$$

$\frac{h_w t_w f_y}{\gamma_{M0}} = \frac{277.1 \times 23.0 \times 265}{1.0} = 1689 \times 10^3\text{N} = 1689\text{kN}$

$3440\text{kN} > 1689\text{kN}$　∴式（*6.35*）不满足。

因此必须考虑轴力对塑性抗弯承载力的影响。

折减的塑性抗弯承载力（条款*6.2.9.1(5)*）

条款*6.2.9.1*(*5*)

强轴（*y-y*）：

$$M_{N,y,Rd} = M_{pl,y,Rd}\frac{1-n}{1-0.5a} \quad \text{但 } M_{N,y,Rd} \leqslant M_{pl,y,Rd} \tag{6.36}$$

其中

$n = N_{Ed}/N_{pl,Rd} = 1400/3313 = 0.42$

$a = (A - 2bt_f)/A = (30\,600 - 2 \times 318.4 \times 37.7)/30600 = 0.22$

$\Rightarrow M_{N,y,Rd} = 1125 \times \frac{1-0.42}{1-0.5 \times 0.22} = 726.2\text{kN} \cdot \text{m}$

$726.2\text{kN} \cdot \text{m} > 420\text{kN} \cdot \text{m}$　∴满足要求。

弱轴（*z-z*）：

当 $n > a$ 时

$$M_{N,z,Rd} = M_{pl,z,Rd}\left[1 - \left(\frac{n-a}{1-a}\right)^2\right] \tag{6.38}$$

$\Rightarrow M_{N,z,Rd} = 517.0 \times \left[1 - \left(\frac{0.42-0.22}{1-0.22}\right)^2\right] = 480.4\text{kN} \cdot \text{m}$

$480.4\text{kN} \cdot \text{m} > 110\text{kN} \cdot \text{m}$　∴满足要求。

双轴受弯截面验算（折减抗弯承载力）

$$\left(\frac{M_{y,Ed}}{M_{N,y,Rd}}\right)^{\alpha} + \left(\frac{M_{z,Ed}}{M_{N,z,Rd}}\right)^{\beta} \leqslant 1 \tag{6.41}$$

对于 I 形和 H 形截面：

$$\Rightarrow\left(\frac{420}{726.2}\right)^2+\left(\frac{110}{480.4}\right)^{2.12}=0.38$$

0.38≤1　∴满足要求。

条款6.3.1

受压构件屈曲承载力(条款6.3.1)

$$N_{b,Rd}=\frac{\chi Af_y}{\gamma_{M1}}\quad 对于1类、2类和3类截面\qquad(6.47)$$

$$\chi=\frac{1}{\Phi+\sqrt{\Phi^2-\lambda^2}}\quad 但是\chi\leq1.0\qquad(6.49)$$

式中:$\Phi=0.5[1+\alpha(\bar{\lambda}-0.2)+\bar{\lambda}^2]$

$$\bar{\lambda}=\sqrt{\frac{Af_y}{N_{cr}}}\quad 对于1类、2类和3类截面$$

弯曲屈曲的弹性临界力和无量纲长细比

屈曲曲线:强轴(y-y)

$L_{cr}=0.7L=0.7\times4.2=2.94\text{m}$(见表6.6)

屈曲曲线:弱轴(z-z)

$L_{cr}=1.0L=1.0\times4.2=4.20\text{m}$(见表6.6)

$$N_{cr,y}=\frac{\pi^2EI_y}{L_{cr}^2}=\frac{\pi^2\times210000\times642.0\times10^6}{2940^2}=153943\times10^3\text{N}=153943\text{kN}$$

$$\therefore\quad\bar{\lambda}_y=\sqrt{\frac{30600\times265}{153943\times10^3}}=0.23$$

$$N_{cr,z}=\frac{\pi^2EI_z}{L_{cr}^2}=\frac{\pi^2\times210000\times203.1\times10^6}{4200^2}=23863\times10^3\text{N}=23863\text{kN}$$

$$\therefore\quad\bar{\lambda}_z=\sqrt{\frac{30600\times265}{23863\times10^3}}=0.58$$

屈曲曲线和缺陷系数 α 的选择

对于热轧H型钢($h/b\leq1.2$, $t_f\leq100\text{mm}$,S275钢):

- 绕 y-y 轴的屈曲,用屈曲曲线b(表6.5(EN 1993-1-1 的表*6.2*))。
- 绕 z-z 轴的屈曲,用屈曲曲线c(表6.5(EN 1993-1-1 的表*6.2*))。
- 关于曲线b,$a=0.34$;关于曲线c,$d=0.49$(表6.4(EN 1993-1-1 的表*6.1*))。

屈曲曲线:强轴(y-y)

$\Phi_y=0.5\times[1+0.34\times(0.23-0.2)+0.232]=0.53$

$$\chi_y=\frac{1}{0.53+\sqrt{0.53^2-0.23^2}}=0.99$$

$$\therefore\quad N_{b,y,Rd}=\frac{0.99\times30600\times265}{1.0}=8024\times10^3\text{N}=8024\text{kN}$$

8024kN > 3440kN　∴ 强轴弯曲屈曲承载力满足要求。

屈曲曲线：弱轴（z-z）

$$\Phi_z = 0.5 \times [1 + 0.49 \times (0.58 - 0.2) + 0.58^2] = 0.76$$

$$\chi_z = \frac{1}{0.76 + \sqrt{0.76^2 - 0.58^2}} = 0.80$$

$$\therefore \quad N_{b,z,Rd} = \frac{0.80 \times 30600 \times 265}{1.0} = 6450 \times 10^3 N = 6450kN$$

6450kN > 3440kN　∴ 弱轴弯曲屈曲承载力满足要求。

受弯构件屈曲承载力（条款6.3.2）　　*条款6.3.2*

一根 4.2m 的柱子沿长度无支撑，无扭转或侧向约束。绕强轴施加设计值为 420kN · m 的等值反向端部弯矩。柱的全长均需验算侧向扭转屈曲。

$M_{Ed} = 420.0kN \cdot m$

$$M_{b,Rd} = \chi_{LT} W_y \frac{f_y}{\gamma_{M1}} \tag{6.55}$$

对于 1 类或 2 类截面，$W_y = W_{pl,y}$

确定 M_{cr}（$kL = 4200mm$）

$$M_{cr} = C_1 \frac{\pi^2 EI_z}{(kL)^2} \left(\frac{I_w}{I_z} + \frac{(kL)^2 GI_T}{\pi^2 EI_z} \right)^{0.5} \tag{D6.12}$$

对于等值反向的端弯矩（$\psi = -1$），$C_1 = 2.752$（表 6.10）。

$$\therefore \quad M_{cr} = 2.752 \times \frac{\pi^2 \times 210000 \times 203.1 \times 10^6}{4200^2} \times$$

$$\left(\frac{5.03 \times 10^{12}}{203.1 \times 10^6} + \frac{4200^2 \times 81000 \times 12.71 \times 10^6}{\pi^2 \times 210000 \times 203.1 \times 10^6} \right)^{0.5}$$

$$= 17114 \times 10^6 N \cdot mm = 17114kN \cdot m$$

无量纲侧向扭转长细比 $\bar{\lambda}_{LT}$：梁段 BC

$$\bar{\lambda}_{LT} = \sqrt{\frac{W_y f_y}{M_{cr}}} = \sqrt{\frac{4247000 \times 265}{17114 \times 10^6}} = 0.26$$

$\bar{\lambda} \leqslant \bar{\lambda}_{LT,0} = 0.4$

因此，侧向扭转屈曲效应可以忽略，$\chi_{LT} = 1.0$（***条款6.3.2.2(4)***）　　*条款6.3.2.2(4)*

侧向扭转屈曲承载力

$$M_{b,Rd} = \chi_{LT} W_y \frac{f_y}{\gamma_{M1}} \tag{6.55}$$

$$= 1.0 \times 4247000 \times (265/1.0)$$

$$= 1125 \times 10^6 N \cdot mm = 1125kN \cdot m$$

$$\frac{M_{Ed}}{M_{b,Rd}}=\frac{420.0}{1125}=0.37$$

$0.37\leqslant 1.0$　∴满足要求。

条款6.3.3

压弯构件屈曲承载力(条款6.3.3)

压弯构件必须同时满足式(*6.61*)和式(*6.62*)。

$$\frac{N_{Ed}}{\chi_y N_{Rk}/\gamma_{M1}}+k_{yy}\frac{M_{y,Ed}}{\chi_{LT}M_{y,Rk}/\gamma_{M1}}+k_{yz}\frac{M_{z,Ed}}{M_{z,Rk}/\gamma_{M1}}\leqslant 1 \qquad (6.61)$$

$$\frac{N_{Ed}}{\chi_z N_{Rk}/\gamma_{M1}}+k_{zy}\frac{M_{y,Ed}}{\chi_{LT}M_{y,Rk}/\gamma_{M1}}+k_{zz}\frac{M_{z,Ed}}{M_{z,Rk}/\gamma_{M1}}\leqslant 1 \qquad (6.62)$$

确定相互作用系数 k_{ij}(*附录B*)

对于本例,将使用备选方法2(*附录B*)确定相互作用系数 k_{ij}。双向压弯需要四个相互作用系数 k_{yy}、k_{yz}、k_{zy}和 k_{zz}。

柱的侧向和扭转不受约束,因此容易发生扭转变形。因此,相互作用系数的确定应参考表*B.2*。

等效均匀弯矩系数 C_{mi}(表*B.3*)

由于约束之间不存在荷载作用,可以从表 *B.3* 第一行的表达式中确定 C_{my}、C_{mz}、C_{mLT}三个等效均匀弯矩系数,如下所示:

$C_{mi}=0.6+0.4\psi\geqslant 0.4$

考虑平面内支撑的 *y-y* 轴受弯:

$\psi=-1, C_{my}=0.6+0.4\times(-1)=0.2$　　(但≥0.4)

∴　$C_{my}=0.40$

考虑平面内支撑的 *z-z* 轴受弯:

$\psi=0,\ C_{mz}=0.6+0.4\times 0=0.6$

∴　$C_{mz}=0.60$

考虑平面外支撑的 *y-y* 轴受弯:

$\psi=-1, C_{mLT}=0.6+0.4\times(-1)=0.2$　　(但≥0.4)

∴　$C_{mLT}=0.40$

相互作用系数 k_{ij}(表*B.2*(和表*B.1*))

对于1类和2类截面:

$$k_{yy}=C_{my}\left(1+(\bar{\lambda}_y-0.2)\frac{N_{Ed}}{\chi_y N_{Rk}/\gamma_{M1}}\right)\leqslant C_{my}\left(1+0.8\frac{N_{Ed}}{\chi_y N_{Rk}/\gamma_{M1}}\right)$$

$$=0.40\times\left(1+(0.23-0.2)\frac{3440}{(0.99\times 8109)/1.0}\right)=0.41$$

$$\leqslant 0.40\times\left(1+0.8\frac{3440}{(0.99\times 8109)/1.0}\right)=0.54$$

∴　$k_{yy}=0.41$

$$k_{zz}=C_{mz}\left(1+(2\overline{\lambda}_z-0.6)\frac{N_{Ed}}{\chi_z N_{Rk}/\gamma_{M1}}\right)\leqslant C_{my}\left(1+1.4\frac{N_{Ed}}{\chi_z N_{Rk}/\gamma_{M1}}\right)$$

$$=0.60\times\left(1+(2\times0.58-0.6)\frac{3440}{(0.80\times8109)/1.0}\right)=0.78$$

$$\leqslant0.60\times\left(1+1.4\frac{3440}{(0.79\times8415)/1.0}\right)=1.04$$

$\therefore\quad k_{zz}=0.78$

$k_{yz}=0.6k_{zz}=0.6\times0.72=0.47\qquad\therefore k_{yz}=0.47$

$$k_{zy}=1-\frac{0.1\overline{\lambda}_z}{C_{mLT}-0.25}\frac{N_{Ed}}{\chi_z N_{Rk}/\gamma_{M1}}$$

$$\geqslant1-\frac{0.1}{C_{mLT}-0.25}\frac{N_{Ed}}{\chi_z N_{Rk}/\gamma_{M1}}\qquad(\text{当 }\overline{\lambda}_z\geqslant0.4)$$

$$=1-\frac{0.1\times0.29}{0.40-0.25}\frac{3440}{(0.80\times8109)/1.0}=0.79$$

$$\geqslant1-\frac{0.1}{0.40-0.25}\frac{3440}{(0.80\times8109)/1.0}=0.64\quad\therefore k_{zy}=0.79$$

验算相互作用公式(式(*6.61*)和式(*6.62*))

$$\frac{N_{Ed}}{\chi_y N_{Rk}/\gamma_{M1}}+k_{yy}\frac{M_{y,Ed}}{\chi_{LT}M_{y,Rk}/\gamma_{M1}}+k_{yz}\frac{M_{z,Ed}}{M_{z,Rk}/\gamma_{M1}}\leqslant1\qquad(6.61)$$

$$\Rightarrow\frac{3440}{(0.99\times8109)/1.0}+0.41\times\frac{420.0}{(1.0\times1125)/1.0}+0.47\times\frac{110.0}{517.0/1.0}$$

$=0.43+0.15+0.10=0.68$

$0.68\leqslant1.0$　∴式(*6.61*)满足要求。

$$\frac{N_{Ed}}{\chi_z N_{Rk}/\gamma_{M1}}+k_{zy}\frac{M_{y,Ed}}{\chi_{LT}M_{y,Rk}/\gamma_{M1}}+k_{zz}\frac{M_{z,Ed}}{M_{z,Rk}/\gamma_{M1}}\leqslant1\qquad(6.62)$$

$$\Rightarrow\frac{3440}{(0.80\times8109)/1.0}+0.79\times\frac{420.0}{(1.0\times1125)/1.0}+0.78\times\frac{110.0}{517.0/1.0}$$

$=0.53+0.30+0.17=1.0$

$1.0\leqslant1.0$　∴式(*6.62*)满足要求。

因此,S275 钢、热轧 305×305×240H 型钢满足要求。

与附录A 的方法比较,

$k_{yy}=0.74$, $k_{yz}=0.49$, $k_{zy}=0.43$, $k_{zz}=1.33$

根据式(*6.61*),

$0.43+0.28+0.10=0.81$　　$(0.81\leqslant1.0$　∴满足要求)

根据式(*6.62*),

$0.53+0.16+0.15=0.85$　　$(0.85\leqslant1.0$　∴满足要求)

梁柱铰接框架中的柱

对于按照铰接原则设计的框架中的柱子,即假定梁柱铰接,柱子每层承受的弯矩为梁的名义偏心引起的弯矩,Brettle 和 Brown(2009) 将式(*6.61*)和式(*6.62*)合并为单个表达式:

$$\frac{N_{\mathrm{Ed}}}{N_{\mathrm{b,z,Rd}}}+\frac{M_{\mathrm{y,Ed}}}{M_{\mathrm{b,Rd}}}+1.5\frac{M_{\mathrm{z,Ed}}}{M_{\mathrm{c,z,Rd}}}\leqslant 1.0 \tag{D6.20}$$

这个简化的表达式是基于轴力项占主导地位,因为两个力矩项($M_{\mathrm{y,Ed}}$和$M_{\mathrm{z,Ed}}$)都很小,破坏将沿着弱轴方向。NCCI SN048(SCI, 2006)对这种方法的基础和使用的局限性进行了全面的解释。

6.3.4　用于结构部件侧向屈曲和侧向扭转屈曲的一般方法

条款6.3.4 **条款*6.3.4*** 提供了一种通用方法来评估构件的侧向屈曲和侧向扭转屈曲承载
力。该方法相对较新,因此,还没有像更为成熟的方法那样受到相同程度和广度
条款6.3.4 的审查。就本指南而言,建议谨慎采用**条款*6.3.4*** 的规定,最好通过独立的验算加
条款NA.2.22 以核实。英国国家附件(**条款*NA.2. 22***)将该方法的应用限制在单向受弯构件或
受压构件,并规定整体屈曲折减系数χ_{op}应取受压屈曲折减系数χ 和受弯屈曲折减系数χ_{LT}二者的小值。

6.3.5　带塑性铰的构件的侧向扭转屈曲

对于带塑性铰框架的侧向扭转屈曲,提出了两个具体要求:

- 在塑性铰处的约束。
- 塑性铰间的稳定长度。

由于设计目标是确保框架的承载力由塑性倒塌机构的形成来控制,任何由侧向不稳定引起的过早破坏都必须加以预防。这可以通过提供一个合适的(侧向和或扭转)约束系统来实现。

条款6.3.5.2 **条款*6.3.5.2*** 规定了需要限制的地方以及每个限制所需的性能。这些规则与 BS 5950 第 1 部分的同等规定非常相似。

一个简单验算构件在端弯矩 M 和 ψM(轴向荷载可以忽略不计)作用下稳定长度的方法为式(*6.68*):

$$\begin{aligned} &L_{\mathrm{stable}} \ngtr 35\varepsilon i_z &&\text{对于 } 0.625\leqslant\psi\leqslant 1 \\ &L_{\mathrm{stable}} \ngtr (60-40\psi)\varepsilon i_z &&\text{对于 } -1\leqslant\psi\leqslant 0.625 \end{aligned} \tag{6.68}$$

条款BB.3 有关加腋(两个或三个翼缘)的更详细的规定见**条款*BB.3***,此条将在本指南的第 11 章中讨论。

6.4　等截面格构式受压构件

条款6.4 **条款*6.4*** 涵盖了等截面格构式受压构件的设计。格构柱的设计与传统(实心)柱设计的主要区别在于它们对剪力的响应。在传统的柱屈曲理论中,侧向挠度是根据构件的弯曲特性来评定的(具有适当的精度水平),忽略了剪力对挠度的

影响。对于格构柱,剪切变形更为重要(由于缺乏坚实的腹板),因此必须在设计过程中进行评估和考虑。

有两种不同类型的构件(缀条和缀板),其区别特征在于腹部的布置,如图6.31所示。带缀条的柱包含有斜向构件,可以有或没有水平构件;这些腹部的构件通常被假定为铰接,因此只承受轴向压力或拉力。缀板柱(见图6.32)仅包含水平腹部构件,其布置方式与空腹桁架相同,缀板处于受弯状态。缀板在剪切过程中通常比缀条具有更大的柔度。

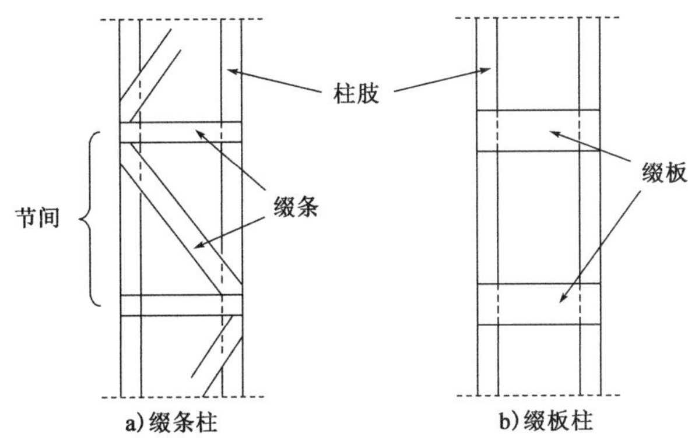

图6.31 格构受压构件的类型

图6.32 缀板柱

条款6.4 还为紧密布置的格构构件(如背靠背的槽钢)提供了指导。Galambos(1998)和Narayanan(1982)给出了对格构结构的分析和设计的背景。 ***条款6.4***

就材料消耗而言,格构构件可以比单一构件更高效。然而,由于制造过程的额外费用,以及不够时尚美观(通常有防腐问题),格构构件的使用在英国不像过去那么流行了。因此,BS 5950第1部分在这个主题上提供的指导没有Eurocode 3详细。BS 5950设计方法的基础也不同于Eurocode的方法,BS 5950使用了改进的欧拉屈曲理论(Engessor, 1909),而Eurocode选择了具有指定初始几何缺陷的二阶分析。

6.4.1　一般规定

条款6.4

基于不连续结构计算的格构构件设计对于实际设计而言太耗时。***条款6.4*** 提供了一种简化模型,可应用于端部为铰接的均匀受压格构构件(尽管标准指出对其他边界条件可以进行适当的修改)。本质上,该模型通过“覆盖”腹部构件(缀板或缀条)的属性,将格构柱的离散(不连续)元素替换为等距连续(实体)柱。设计包括两个步骤:

1. 用二阶理论分析全“等效”的构件(具有修改的剪切刚度),如下面的小节所述,以确定最大设计力和力矩。

2. 在设计力和力矩作用下验算控制弦杆和腹杆。还必须验算节点,详见本指南的第 12 章。

条款6.4.1

条款6.4.1 规定了模型的适用条件:

1. 柱肢必须平行。

2. 缀条或缀板必须等模数(即等间距并规则布置)。

3. 构件中最小节间数为 3 个节间。

4. 本方法适用于单向或双向缀条格构构件,但仅适用于单向缀板构件。

5. 柱肢可以是实心构件,也可以是格构构件(在垂直平面上有缀条或缀板)。

条款6.4.1(6)

进行整体结构分析时,构件可采用 $e_0 = L/500$ 量级的(弓形)缺陷。在***条款6.4.1(6)*** 的设计公式中也使用了这种程度的缺陷,符合实践经验。

弦杆和腹杆中的设计力

条款6.4.1(6)
条款6.4.1(7)

条款6.4.1(6) 和***条款 6.4.1(7)*** 分别用来评估柱肢和腹杆的压力设计值。最大弦杆压力设计值 $N_{ch,Ed}$ 由施加的压力 N_{Ed} 和弯矩确定。这些公式是根据柱的微分方程推导出来的,并考虑了二阶效应,得到柱中出现的最大压力设计值。

对于具有两个相同柱肢的构件,压力设计值 $N_{ch,Ed}$ 可根据下式确定:

$$N_{ch,Ed} = 0.5N_{Ed}\frac{M_{Ed}h_0A_{ch}}{2I_{eff}} \tag{6.69}$$

其中:

$$M_{Ed} = \frac{N_{Ed}e_0 + M_{Ed}^{I}}{1 - N_{Ed}/N_{cr} - N_{Ed}/S_v}$$

式中:$N_{cr} = \frac{\pi^2 EI_{eff}}{L^2}$——格构构件的有效临界力;

N_{Ed}——施加在格构构件上的压力设计值;

M_{Ed}——格构构件中部包含二阶效应的最大弯矩设计值;

M_{Ed}^{I}——格构构件中部施加的弯矩设计值(不包括二阶效应);

h_0——柱肢形心的间距;

A_{ch}——一肢柱肢的截面面积;

I_{eff}——格构构件的有效截面惯性矩(见后续章节);

S_v——缀条或缀板的剪切刚度(见后续章节);

e_0——假定缺陷的量级,可取为 $L/500$。

应该指出的是,虽然公式中包括了施加弯矩 M_{Ed}^{I},但这些荷载的目的是为了涵盖小的附加弯矩,例如由荷载偏心引起的弯矩。

在格构构件的端部会产生最大剪力,应该验算缀条和缀板。剪力设计值 V_{Ed} 可按下式计算:

$$V_{Ed} = \pi \frac{M_{Ed}}{L} \tag{6.70}$$

其中 M_{Ed}定义如上。

6.4.2　缀条式受压构件

缀条式受压构件的柱肢和斜向缀条需要根据***条款6.3.1*** 验算稳定性。缀条构件的构造细部要求见***条款6.4.2.2***。　***条款6.3.1***　***条款6.4.2.2***

柱肢

柱肢的压力设计值 $N_{ch,Ed}$由前一节所述确定。并验算小于柱肢的屈曲承载力,屈曲长度取格构系统连接点间的距离。

对于仅在一个方向的缀条,一般可以将弦的屈曲长度 L_{ch}作为系统长度(但应参考*附录 BB*)。对于两个方向的缀条,屈曲长度在 EN 1993-1-1 中的三维图(图 6.8)中予以定义。

缀条

通过节点平衡,可以很容易地从剪力设计值 V_{Ed}(在前面一节中描述)确定缀条中的压力设计值。同样,这个压力设计值应小于屈曲承载力。一般情况下,缀条的屈曲长度可取为系统长度(对于柱肢应参考*附录BB*)。

剪切刚度和有效惯性矩

条款6.4.2.1(3) 和***条款6.4.2.1(4)*** 定义了用于确定柱肢和缀条压力设计值的缀条剪切刚度和有效面积惯性矩。　***条款6.4.2.1(3)***　***条款6.4.2.1(4)***

缀条的剪切刚度 S_v 取决于缀条的布置,对于三种常见的布置,可参考 EN 1993-1-1 的*图6.9*。

对于缀条格构式构件,有效惯性矩可取为:

$$I_{eff} = 0.5h_0^2A_{ch} \tag{6.72}$$

6.4.3　缀板式受压构件

缀板式受压构件的柱肢、缀板和节点应在压力和弯矩设计值的作用下进行中段和端板的校核。***条款6.4.3.2*** 中提供了关于缀板式受压构件设计构造的各种建议。　***条款6.4.3.2***

缀板式受压构件的剪切刚度 S_v 见***条款6.4.3.1(2)***,可按如下确定:　***条款6.4.3.1(2)***

$$S_v = \frac{24EI_{ch}}{a^2[1 + (2I_{ch}/nI_b)(h_0/a)]} \quad 但 \leqslant \frac{2\pi^2EI_{ch}}{a^2} \tag{6.73}$$

式中:I_{ch}——平面内一肢柱肢的惯性矩(关于自身中性轴);

I_b——一肢缀板的平面内惯性矩(关于自身中性轴)。

条款6.4.3.1(3) 缀板式受压构件的有效惯性矩 I_{eff}按***条款6.4.3.1(3)***可取为:

$$I_{eff}=0.5h_0^2A_{ch}+2\mu I_{ch} \tag{6.74}$$

其中μ是所谓的效率因子,取自 EN 1993-1-1 的表*6.8*。式(*6.74*)右边的第二部分 $2\mu I_{ch}$,表示弦杆的转动惯量对缀板构件整体弯曲刚度的贡献。对缀条柱则不包括该贡献(见式(*6.72*));这背后的主要原因是,缀板式受压构件的柱肢间距通常比缀条式受压构件的柱肢间距小得多,因此忽略弦杆的贡献是不经济的。

有效系数μ介于 0 和 1 之间,用于控制柱肢可供利用的水平。EN 1993-1-1 的表*6.8* 是基于确保一系列试验结果偏安全的理论预测(Narayanan, 1982)。

6.4.4　间隔紧密的格构式构件

条款6.4.4 ***条款6.4.4*** 涵盖了间隔紧密的格构式构件的设计。基本上,如果格构式构件的柱肢彼此直接接触或间隔紧密并通过填板连接,并且符合 EN 1993-1-1 中表*6.9*

条款6.3 的条件,则格构式构件可以按照***条款6.3*** 的规定设计为整体构件(忽略剪切变

条款6.4 形);否则适用***条款6.4*** 前面部分的规定。

本章参考文献

Brettle ME and Brown DG (2009) *Steel Building Design: Concise Eurocodes*. Steel Construction Institute, Ascot, P362.

Chen WF and Atsuta T (1977) *Theory of Beam Columns*. McGraw-Hill, New York.

ECCS (1990) *Background Documentation to Eurocode 3: Part 1.1*. European Convention for Constructional Steelwork, Brussels.

Engessor F (1909) Über die Knickfestigkeit von Rahmenstäben. *Zentralblatt der Bauverwaltung*, **29**:136 [in German].

Galambos TV (ed.) (1998) *Guide to Stability Design Criteria for Metal Structures*, 5th edn. Wiley, New York.

Gardner L (2011) *Steel Building Design: Stability of Beams and Columns*. Steel Construction Institute, Ascot, P360.

Narayanan R (ed.) (1982) *Axially Compressed Structures-Stability and Strength*. Applied Science, Amsterdam.

SCI (2005a) NCCI SN002: Determination of non-dimensional slenderness of I-and H-sections. http://www.steel-ncci.co.uk.

SCI (2005b) NCCI SN003: Elastic critical moment for lateral torsional buckling. http://www.steel-ncci.co.uk.

SCI (2005c) NCCI SN009. Effective lengths and destabilizing load parameters for beams andcantilevers-common cases. http://www.steel-ncci.co.uk.

SCI (2006) NCCI SN048: Verification of columns in simple construction-a simplified interactioncriterion. http://www. steel-ncci. co. uk.

SCI/BCSA(2009) *Steel Building Design: Design Data*. Steel Construction Institute, Ascot, P363.

Timoshenko SP and Gere JM(1961) *Theory of Elastic Stability*, 2nd edn. McGraw-Hill, New York.

Trahair NS(1993) *Flexural-torsional Buckling of Structures*. Chapman and Hall, London.

Trahair NS, Bradford MA, Nethercot DA and Gardner L(2008) *The Behaviour and Design of Steel Structures to EC3*, 4th edn. Spon, London.

第 7 章　正常使用极限状态

本章主题为正常使用极限状态。本章内容主要涵盖Eurocode 3 第 1-1 部分的*第7章*,涉及以下条款:

- 一般规定　*条款7.1*
- 建筑的正常使用极限状态　*条款7.2*

总的来说, EN 1993-1-1 中关于正常使用极限状态的考虑范围十分有限,仅提供了少量的明确指导。然而,正如下列所述,基于"很多正常使用极限状态准则与结构材料无关"的原因,关于更进一步的参考信息,请参阅 EN 1990。对于特定材料的适用性问题,应视情况参阅 EN 1992 至 EN 1999。EN 1990 的条款 3.4、条款 6.5 和条款 A1.4,包含了有关适用性的指导说明;其中 EN 1990 中的条款 A1.4 (与 EN 1990 附录 A1 的其余部分一样)专门针对建筑的适用性。

7.1　一般规定

EN 1990 条款3.4 中定义的正常使用极限状态,包括以下几个方面:

- 结构或构件在正常使用下的功能。
- 人在结构内的舒适度。
- 结构的外观。

对于房屋建筑,首要考虑的是水平变位、竖向挠度和振动。

根据 EN 1990 的条款 3.4,应区分可逆和不可逆的正常使用极限状态。可逆的正常使用极限状态是指在非永久荷载作用下产生的超限状态,当荷载移除之后可以复原;如在临时(可变)荷载的作用下的超限振动或高弹性挠度。不可逆的正常使用极限状态是指在产生超限状态的荷载作用被移除后无法复原的状态(如永久性的结构局部损坏或变形)。

另外,EN 1990 中明确规定了对适用性进行验算的三种作用组合:标准组合、频遇组合以及准永久组合。EN 1990 在式(6.14)至式(6.16)中给出各组合的公式,并在表 7.1(EN 1990 表 A1.4)中进行汇总,每个作用组合都包含一个永久作用分项系数(有利或不利作用),一个起主要作用的可变作用分项系数和其他可变作用分项系数。在通常情况下,永久作用对结构产生不利作用,应当使用永久作用上限标准值 $G_{kj,sup}$;但,当永久作用对结构产生有利作用时(如永久作用减小了风荷载对结构的上提作用),应当使用永久作用下限标准值 $G_{kj,inf}$。

作用组合下的作用设计取值(EN 1990 表 A1.4)　　表7.1

组　合	永久作用 G_d		可变作用 Q_d	
	不利的	有利的	主要的	其他
标准组合	$G_{kj,sup}$	$G_{kj,inf}$	$Q_{k,1}$	$\psi_{0,i}Q_{k,i}$
频遇组合	$G_{kj,sup}$	$G_{kj,inf}$	$\psi_{1,1}Q_{k,1}$	$\psi_{2,i}Q_{k,i}$
准永久组合	$G_{kj,sup}$	$G_{kj,inf}$	$\psi_{2,1}Q_{k,1}$	$\psi_{2,i}Q_{k,i}$

除非另有说明,所有正常使用极限状态的作用组合中的分项系数均为1(即荷载应不含系数)。本指南的第14章中有对于EN 1990的介绍,关于作用组合有更详细的说明。

当考虑结构的功能以及结构或非结构构件的损坏时,通常使用作用的标准组合。在考虑人在结构内的舒适度、机器功能和避免积水产生的时候,通常采用作用的频遇组合。在考虑结构的外观和结构的长期效应(例如:徐变)时,应当采用作用准永久组合。

在表7.1的"作用组合"中出现的系数 ψ (ψ_0、ψ_1和 ψ_2)是用于修正可变作用的标准值,提供在不同情况下的代表值。系数 ψ 的取值见本指南表14.1。本指南的第14章和《钢桥防腐》(*Corrosion Protection of Steel Bridges*)(Corus,2002)中有更深入的关于系数 ψ 的讨论。

7.2　建筑的正常使用极限状态

EN 1993-1-1和EN 1990中均强调了适用性极限(例如:对于挠度和振动而言)应当根据每个项目进行指定,并和用户的意见保持一致。对于这些适用性极限的限值的限值,上述两本标准都未给出具体数值,只是在英国国家附件的**条款*NA.2.23***(竖向挠度限值)和**条款*NA.2.24***(水平变位限值)中提供了推荐取值,详见以下小节。

条款*NA.2.23*
条款*NA.2.24*

7.2.1　竖向挠度

EN 1990中定义的总竖向挠度 w_{tot} 由一系列参数(w_c、w_1、w_2 和 w_3)组成,如图7.1(EN 1990图A1.1)所示,其中:

w_c为结构构件在未加载时的预拱度。

w_1为永久荷载作用下的初始挠度。

w_2为永久荷载作用下的长期挠度。

w_3为可变荷载作用下的瞬时挠度。

w_{tot}为总挠度($w_1+w_2+w_3$)。

w_{max}为考虑预拱度后的最大挠度($w_{tot}-w_c$)。

英国国家附件**条款*NA.2.23***提供了标准荷载组合下用来验算适用性的竖向挠度限值,其中说明了挠度计算应当只考虑可变作用(即不考虑永久作用)。在标

条款*NA.2.23*

准荷载组合(EN 1990 的式(6.14b))中,当考虑竖向挠度时,起主要作用的可变作用(通常是外加荷载)不考虑分项系数,即通常采用不考虑分项系数的外加荷

条款NA.2.23 载进行挠度验算。虽然上述情况大致符合英国现有的做法,但***条款NA.2.23***里提出,可能有某些情况下,使用更大或更小的挠度限值更符合实际。比如,在某些实际应用中,设计人员需要考虑整体挠度的限值(即考虑永久作用和可变作用的共同作用)。

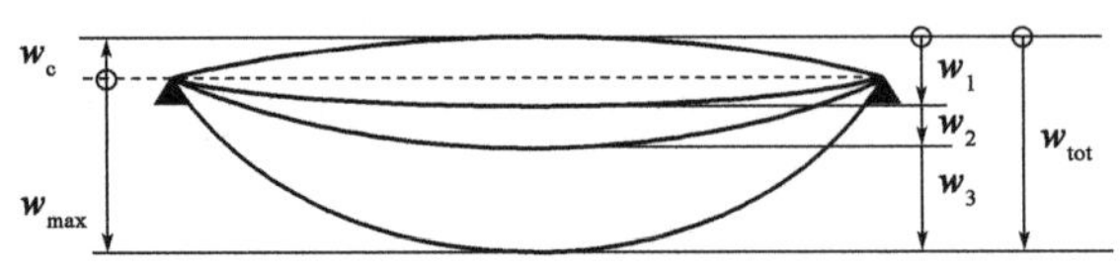

图 7.1　竖向挠度的定义

算例 7.1　梁的竖向挠度

一个两端简支的横梁,跨度为 5.6m,受到如下荷载的作用(不含分项系数):

- 恒载:8.6kN/m
- 可变作用(楼面外加作用):32.5kN/m

选择一个合适的梁截面,能够满足表 7.2 中的竖向挠度限值。

条款NA.2.23

竖向挠度限值(来自英国国家附件***条款NA.2.23***)　表 7.2

设 计 情 况	挠 度 限 值
悬臂构件	长度/180
有抹灰或其他易碎饰面的梁	跨度/360
其他梁(不包含檩条和压型钢板的墙梁)	跨度/200
檩条和压型钢板的墙梁	要适合特定围护墙板的特性

条款3.2.6 根据***条款3.2.6***:

$E = 210000\text{N/mm}^2$

条款NA.2.23 根据英国国家附件***条款NA.2.23***,挠度验算仅考虑不含分项系数的可变作用。

$\therefore\quad q = 32.5\text{kN/m}$

在均布荷载 q 的作用下,简支梁的最大挠度 w 为:

$$w = \frac{5}{384}\frac{qL^4}{EI}$$

$$\Rightarrow I_{\text{required}} = \frac{5}{384}\frac{qL^4}{Ew}$$

选择表 7.2 的挠度限值为跨度/200:

$$\Rightarrow I_{\text{required}} = \frac{5}{384}\frac{qL^4}{Ew} = \frac{5}{384} \times \frac{32.5 \times 5600^4}{210000 \times (5600/200)} = 70.8 \times 10^6 \text{mm}^4$$

从截面表里选，UKB 356 × 127 × 33 的截面惯性矩（主轴）$I_y = 82.49 \times 10^6$ mm^4

$82.49 \times 10^6 \text{mm}^4 > 70.8 \times 10^6 \text{mm}^4$ ∴ UKB 356 × 127 × 33 满足要求。

如果在总荷载（永久作用和可变作用，不含分项系数）作用下，挠度的限值为跨度/200，最小截面惯性矩将会增大到 89.5×10^6 mm^4。

7.2.2 水平变位

与竖向挠度计算类似，英国国家附件**条款*NA.2.24*** 推荐水平变位限值验算采用标准作用组合，即不含分项系数的可变荷载。再次强调，虽然上述情况基本符合英国现有的做法，表7.3 给出了推荐的水平变位限值；但和竖向挠度一样：仍然存在一些情况，使用更大或更小的水平变位限值更符合实际。 **条款*NA.2.24***

水平变位限值（来自英国国家附件**条款*NA.2.24***） 表7.3 **条款*NA.2.24***

设计情况	变位限值
单层建筑柱顶，门式刚架除外	高度/300
不支持吊车梁的门式刚架柱	要适合特定围护墙板的特性
多层建筑中的每一层	层高/300

EN 1990 注释中对于水平变位的描述，如图7.2 所示。图中 u 是高度为 H 的结构的总水平变位，u_i 为层高为 H_i 的每层水平变位。

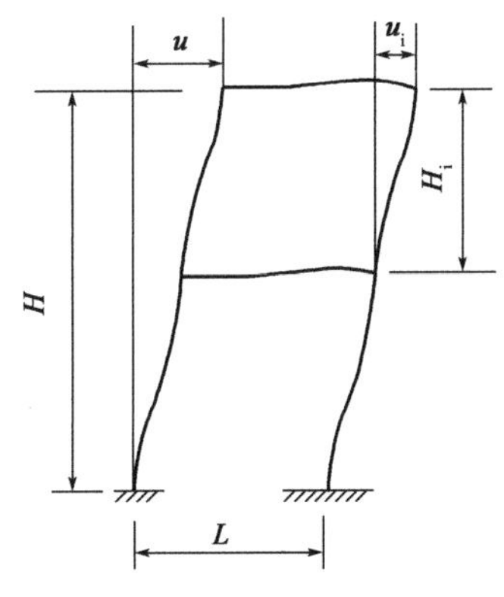

图7.2 水平变位的定义

7.2.3 动力效应

结构设计中需要考虑动力效应，以确保结构振动不会影响人在结构内的舒适度或破坏结构或结构构件的功能。基本上，只要结构振动的固有频率保持在适当频率之上，就可以实现这一点，而适当的频率取决于结构的功能和振动源。结构可能的振动源包括：步行、人群的同步行走、车辆行驶导致的地面振动以及风荷载的作用。EN 1990，《钢桥防腐》（*Corrosion Protection of Steel Bridges*）（Corus，2002）和其他专业文献（如 Wyatt，1989）中有关于动力效应的更进一步指导说明。

本章参考文献

Corus (2002) *Corrosion Protection of Steel Bridges*. Corus Construction Centre, Scunthorpe.

Wyatt TA(1989) *Design Guide on the Vibration of Floors*. Steel Construction Institute, Ascot, P076.

第 8 章　附录 A(资料性)——备选方法 1:条款 6.3.3(4)相互作用公式中的相互作用系数 k_{ij}

对于同时承受弯矩和轴向压力的等截面构件来说,***条款6.3.3(4)***提供了两个必须要满足的相互作用公式。每个相互作用公式都包含了两个相互作用系数:式(*6.61*)中的 k_{yy} 和 k_{yz};式(*6.62*)中的 k_{zy} 和 k_{zz}。 *条款6.3.3(4)*

EN 1993-1-1 提供了确定四个相互作用系数(k_{yy}, k_{yz}, k_{zy} 和 k_{zz})的两种备选方法;备选方法 1 涵盖在*附录A* 中,并在本章中进行详细叙述;备选方法 2 涵盖在*附录B* 中,并在本指南的第 9 章进行详细描述。

英国国家附件(***条款NA.3***)允许使用*附录A* 和*附录B* 中的任意一种方法,但限制*附录A*用在双轴对称截面上。对比这两种方法,备选方法 1 由于附加条款数量较多,通常需要更多的计算量,相比之下备选方法 2 就更直截了当一些。但是,备选方法 1 通常能提供更有竞争力的解法。 *条款NA.3*

备选方法 1 是基于考虑二阶效应的面内弹性稳定理论,并在推导相互作用系数时尽可能保持与理论的一致性。该方法的开展涉及一个规模较大的数值模拟程序。(备选方法 1 的)重点放在了实现单一构件验算和截面验算的通用性和一致性上。当(使用备选方法 1)考虑 1 类和 2 类横截面时,通过引入和弹性、塑性截面模量相关的塑性系数,允许(截面的)非弹性变形。(Boissonnade 等于 2002 年报道了在列日大学和克莱蒙费朗大学开展该方法的进一步细节。)

使用方法 1 来确定相互作用系数的基本公式和一系列的附加条款,列在了表 8.1(EN 1993-1-1 *表A.1*)。表 8.2(EN 1993-1-1 *表A.2*)中列出的等效弯矩系数 $C_{mi,0}$ 取决于每个轴上的弯矩图形状并应区分支承和面外的约束条件。在计算系数 C_{my}、C_{mz}(两者代表面内)和 C_{mLT}(代表面外)时,应区分构件是否容易出现侧向扭转屈曲。

算例 6.9 中使用了备选方法 1 来计算在轴向荷载和强轴弯矩同时作用下矩形管截面构件的抗力。

条款*6.3.3(4)*相互作用公式中的相互作用系数 k_{ij}

(EN 1993-1-1 *表A.1*)　　表 8.1

相互作用系数	设 计 假 设	
	3 类、4 类弹性截面特性	1 类、2 类弹性截面特性
k_{yy}	$C_{my}C_{mLT}\dfrac{\mu_y}{1-\dfrac{N_{Ed}}{N_{cr,y}}}$	$C_{my}C_{mLT}\dfrac{\mu_y}{1-\dfrac{N_{Ed}}{N_{cr,y}}}\dfrac{1}{C_{yy}}$
k_{yz}	$C_{mz}\dfrac{\mu_y}{1-\dfrac{N_{Ed}}{N_{cr,z}}}$	$C_{mz}\dfrac{\mu_y}{1-\dfrac{N_{Ed}}{N_{cr,z}}}\dfrac{1}{C_{yz}}0.6\sqrt{\dfrac{w_z}{w_y}}$
k_{zy}	$C_{my}C_{mLT}\dfrac{\mu_z}{1-\dfrac{N_{Ed}}{N_{cr,y}}}$	$C_{my}C_{mLT}\dfrac{\mu_z}{1-\dfrac{N_{Ed}}{N_{cr,y}}}\dfrac{1}{C_{zy}}0.6\sqrt{\dfrac{w_z}{w_y}}$
k_{zz}	$C_{mz}\dfrac{\mu_z}{1-\dfrac{N_{Ed}}{N_{cr,z}}}$	$C_{mz}\dfrac{\mu_z}{1-\dfrac{N_{Ed}}{N_{cr,z}}}\dfrac{1}{C_{zz}}$
辅助术语:		
$\mu_y\dfrac{1-\dfrac{N_{Ed}}{N_{cr,y}}}{1-\chi_y\dfrac{N_{Ed}}{N_{cr,y}}}$ $\mu_z\dfrac{1-\dfrac{N_{Ed}}{N_{cr,z}}}{1-\chi_z\dfrac{N_{Ed}}{N_{cr,z}}}$ $w_y=\dfrac{W_{pl,y}}{W_{el,y}}\leqslant 1.5$ $w_z=\dfrac{W_{pl,z}}{W_{el,z}}\leqslant 1.5$ $n_{pl}=\dfrac{N_{Ed}}{N_{Rk}/\gamma_{M1}}$ C_{my}见表 A.2 $\partial_{LT}=1-\dfrac{h}{I_y}\geqslant 0$	$C_{yy}=1+(w_y-1)\left[\left(2-\dfrac{1.6}{w_y}C_{my}^2\bar{\lambda}_{max}-\dfrac{1.6}{w_y}C_{my}^2\bar{\lambda}_{max}^2\right)n_{pl}-b_{LT}\right]\geqslant\dfrac{W_{el,y}}{W_{pl,y}}$ 其中 $b_{LT}=0.5\partial_{LT}\bar{\lambda}_0^2\dfrac{M_{y,Ed}}{\chi_{LT}M_{pl,y,Rd}}\dfrac{M_{z,Ed}}{M_{pl,z,Rd}}$ $C_{yz}=1+(w_z-1)\left[\left(2-14\dfrac{C_{mz}^2\bar{\lambda}_{max}^2}{w_z^5}\right)n_{pl}-c_{LT}\right]\geqslant 0.6\sqrt{\dfrac{w_z}{w_y}}\dfrac{W_{el,z}}{W_{pl,z}}$ 其中 $c_{LT}=10\partial_{LT}\dfrac{\bar{\lambda}_0^2}{5+\bar{\lambda}_z^4}\dfrac{M_{y,Ed}}{C_{my}\chi_{LT}M_{pl,y,Rd}}$ $C_{zy}=1+(w_y-1)\left[\left(2-14\dfrac{C_{my}^2\bar{\lambda}_{max}^2}{w_y^5}\right)n_{pl}-d_{LT}\right]\geqslant 0.6\sqrt{\dfrac{w_y}{w_z}}\dfrac{W_{el,y}}{W_{pl,y}}$ 其中 $d_{LT}=2\partial_{LT}\dfrac{\bar{\lambda}_0}{0.1+\bar{\lambda}_z^4}\dfrac{M_{y,Ed}}{C_{my}\chi_{LT}M_{pl,y,Rd}}\dfrac{M_{z,Ed}}{C_{mz}M_{pl,z,Rd}}$ $C_{zz}=1+(w_z-1)\left[\left(2-\dfrac{1.6}{w_z}C_{mz}^2\bar{\lambda}_{max}-\dfrac{1.6}{w_z}C_{mz}^2\bar{\lambda}_{max}^2\right)n_{pl}-e_{LT}\right]\geqslant\dfrac{W_{el,z}}{W_{pl,z}}$ 其中 $e_{LT}=1.7\partial_{LT}\dfrac{\bar{\lambda}_0}{0.1+\bar{\lambda}_z^4}\dfrac{M_{y,Ed}}{C_{my}\chi_{LT}M_{pl,y,Rd}}$	

$\bar{\lambda}=\max\begin{cases}\bar{\lambda}_y\\ \bar{\lambda}_z\end{cases}$

$\bar{\lambda}_0$ = 由均匀弯矩引起的侧向扭转屈曲的无量纲长细比,即当*表A.2* 中 $\psi=1.0$ 时

$\bar{\lambda}_{LT}$ = 侧向扭转屈曲的无量纲长细比

如果 $\bar{\lambda}_0\leqslant 0.2\sqrt{C_1}\sqrt[4]{\left(1-\dfrac{N_{Ed}}{N_{cr,z}}\right)\left(1-\dfrac{N_{Ed}}{N_{cr,T}}\right)}$:

$C_{my}=C_{my,0}$

$C_{mz}=C_{mz,0}$

$C_{mLT}=1.0$

如果 $\bar{\lambda}_0>0.2\sqrt{C_1}\sqrt[4]{\left(1-\dfrac{N_{Ed}}{N_{a,z}}\right)\left(1-\dfrac{N_{Ed}}{N_{cr,T}}\right)}$:

$C_{my}=C_{my,0}+(1-C_{my,0})\dfrac{\sqrt{\varepsilon_y}\partial_{LT}}{1+\sqrt{\varepsilon_y}\partial_{LT}}$

$C_{mz}=C_{mz,0}$

$C_{mLT}=C_{my}^2\dfrac{\partial_{LT}}{\sqrt{\left(1-\dfrac{N_{Ed}}{N_{cr,z}}\right)\left(1-\dfrac{N_{Ed}}{N_{cr,T}}\right)}}\geqslant 1$

续上表

辅助术语：
$\varepsilon_y = \frac{M_{y,Ed}}{N_{Ed}}\frac{A}{W_{el,y}}$，对于 1 类、2 类、3 类截面
$\varepsilon_y = \frac{M_{y,Ed}}{N_{Ed}}\frac{A}{W_{el,y}}$，对于 4 类截面
$N_{cr,y}$ = 绕 y-y 轴的弹性弯曲屈曲力
$N_{cr,z}$ = 绕 z-z 轴的弹性弯曲屈曲力
$N_{cr,T}$ = 弹性扭转屈曲力
I_T = 圣・维南扭转常数
I_y = 关于 y-y 轴的面积二阶矩

等效弯矩系数 $C_{mi,0}$（EN 1993-1-1 *表 A.2*）　　表 8.2

弯　矩　图	$C_{mi,0}$
M_1 ⟶ ψM_1 $-1 \leqslant \psi \leqslant 1$	$C_{mi,0} = 0.79 + 0.21\psi_i + 0.36(\psi_i - 0.33)\frac{N_{Ed}}{N_{cr,i}}$
$M(x)$ $M(x)$	$C_{mi,0} = 1 + \left(\frac{\pi^2 EI_i \lvert\delta_x\rvert}{L^2 \lvert M_{i,Ed}(x)\rvert} - 1\right)\frac{N_{Ed}}{N_{cr,i}}$ $M_{i,Ed}(x) = M_{y,Ed}$或$M_{z,Ed}$中的最大弯矩 $\lvert\delta_x\rvert$ = 沿构件的最大位移
	$C_{mi,0} = 1 - 0.18\frac{N_{Ed}}{N_{cr,i}}$ $C_{mi,0} = 1 + 0.03\frac{N_{Ed}}{N_{cr,i}}$

本章参考文献

Boissonnade N, Jaspart J-P, Muzeau J－P and Villette M(2002) Improvement of the interaction formulae for beam columns in Eurocode 3. *Computers and Structures*, **80**, 2375-2385.

第 9 章 附录 B(资料性)——备选方法 2:条款 6.3.3(4)相互作用公式中的相互作用系数 k_{ij}

如前面章节所述,对于同时承受弯矩和轴向压力的等截面构件来说,

条款6.3.3(4)

条款*6.3.3(4)*提供了必须满足的两个相互作用公式。每个相互作用公式都包含了两个相互作用系数:式(*6.61*)中的 k_{yy} 和 k_{yz};式(*6.62*)中的 k_{zy} 和 k_{zz}。EN 1993-1-1 提供了确定四个相互作用系数(k_{yy}, k_{yz}, k_{zy} 和 k_{zz})的两种备选方法:备选方法 1 涵盖在*附录A* 中,并在前面章节中进行了详细叙述;备选方法 2 涵盖在*附录B* 中,将在本章进行详细描述。

备选方法 2 比备选方法 1 更直截了当,并且通常对使用者更友好。Lindner 于 2003 年描述了该方法在格拉茨和柏林技术大学发展的背景。

条款NA.3.2

英国国家附件中**条款*NA.3.2*** 规定允许使用*附录B* ,但指出对于 I 形、H 形和管截面以外的其他截面,应当忽视塑性重分布带来的益处,即 1 类和 2 类截面应当被视为 3 类截面进行设计。此外,当设计截面不是双轴对称截面时,应当考虑截面扭转和弯扭屈曲——见本指南 13.7 节。

表 9.1 给出不易受侧向扭转屈曲影响的构件使用备选方法 2 确定相互作用系数的基本公式(EN 1993-1-1 的*表B.1*);同时表 9.2 用来确定容易受侧向扭转屈曲影响的构件的确定相互作用系数。

表 9.3 可用于确定等效弯矩系数 C_{my}、C_{mz}、C_{mLT}。表 9.3(EN 1993-1-1 的*表B.3*)中的 C_{my} 用于面内强轴受弯的情况;C_{mz} 用于面内弱轴受弯的情况;C_{mLT} 用于面外屈曲。

■ 对于在约束点之间无外荷载的情况,使用表 9.3 的最上面一行:$C_{mi} = 0.6 + 0.4\psi$(但规定最小值为 0.4)。

■ 对于约束之间有均布荷载的情况(以弯矩图中的连续实线表示),使用表 9.3的第 2 和第 3 行,C_{mi} 系数由最后一栏的左侧部分得出。

■ 对于约束之间有集中荷载的情况(以弯矩图中的虚线表示),使用表 9.3 的第 2 和第 3 行,C_{mi} 系数由最后一栏的右侧部分得出。

对于靠柱弯曲刚度来提供稳定的结构(例:无支撑框架),表 9.3(EN 1993-1-1 的*表B.3*)表示等效弯矩系数(C_{my} 或 C_{mz})应取0.9。

对于不易受扭转影响的构件的相互作用系数

(EN 1993-1-1 *表B.1*)　　表 9.1

相互作用系数	截面类型	设计假设	
		3 类、4 类弹性截面特性	1 类、2 类塑性截面特性
k_{yy}	I 形截面 管截面	$C_{my}\left(1+0.6\bar{\lambda}_y\frac{N_{Ed}}{\chi_y N_{Rk}/\gamma_{M1}}\right)$ $\leq C_{my}\left(1+0.6\frac{N_{Ed}}{\chi_y N_{Rk}/\gamma_{M1}}\right)$	$C_{my}\left(1+(\bar{\lambda}_y-0.2)\frac{N_{Ed}}{\chi_y N_{Rk}/\gamma_{M1}}\right)$ $\leq C_{my}\left(1+0.8\frac{N_{Ed}}{\chi_y N_{Rk}/\gamma_{M1}}\right)$
k_{yz}	I 形截面 管截面	k_{zz}	$0.6k_{zz}$
k_{zy}	I 形截面 管截面	$0.8k_{yy}$	$0.6k_{yy}$
k_{zz}	I 形截面	$C_{mz}\left(1+0.6\bar{\lambda}_z\frac{N_{Ed}}{\chi_z N_{Rk}/\gamma_{M1}}\right)$ $\leq C_{mz}\left(1+0.6\frac{N_{Ed}}{\chi_z N_{Rk}/\gamma_{M1}}\right)$	$C_{mz}\left(1+(2\bar{\lambda}_z-0.6)\frac{N_{Ed}}{\chi_z N_{Rk}/\gamma_{M1}}\right)$ $\leq C_{mz}\left(1+1.4\frac{N_{Ed}}{\chi_z N_{Rk}/\gamma_{M1}}\right)$
	管截面		$C_{mz}\left(1+(\bar{\lambda}_z-0.2)\frac{N_{Ed}}{\chi_z N_{Rk}/\gamma_{M1}}\right)$ $\leq C_{mz}\left(1+0.8\frac{N_{Ed}}{\chi_z N_{Rk}/\gamma_{M1}}\right)$
对于承受轴压和单向弯矩 $M_{y,Ed}$ 的 I 形截面、H 形截面以及矩形空心截面,系数 $k_{zy}=0$。			

对于易受扭转影响的构件的相互作用系数

(EN 1993-1-1 *表B.2*)　　表 9.2

相互作用系数	设计假设	
	3 类、4 类弹性截面特性	1 类、2 类塑性截面特性
k_{yy}	k_{yy}来自表*B.1*	k_{yy}来自表*B.1*
k_{yz}	k_{yz}来自表*B.1*	k_{yz}来自表*B.1*
k_{zy}	$\left[1-\frac{0.05\bar{\lambda}_z}{(C_{mLT}-0.25)}\frac{N_{Ed}}{\chi_z N_{Rk}/\gamma_{M1}}\right]$ $\geq\left[1-\frac{0.05}{(C_{mLT}-0.25)}\frac{N_{Ed}}{\chi_z N_{Rk}/\gamma_{M1}}\right]$	$\left[1-\frac{0.1\bar{\lambda}_z}{(C_{mLT}-0.25)}\frac{N_{Ed}}{\chi_z N_{Rk}/\gamma_{M1}}\right]$ $\geq\left[1-\frac{0.1}{(C_{mLT}-0.25)}\frac{N_{Ed}}{\chi_z N_{Rk}/\gamma_{M1}}\right]$ 当 $\bar{\lambda}_z<0.4$ 时: $k_{zy}=0.6+\bar{\lambda}_z\leq1-\frac{0.1\bar{\lambda}_z}{(C_{mLT}-0.25)}\frac{N_{Ed}}{\chi_z N_{Rk}/\gamma_{M1}}$
k_{zz}	k_{zz}来自表*B.1*	k_{zz}来自表*B.1*

表 *B.1* 和表 *B.2* 中的等效弯矩系数 C_m(EN 1993-1-1 表 *B.3*) 表9.3

<table>
<tr><th rowspan="2">弯 矩 图</th><th rowspan="2" colspan="2">范 围</th><th colspan="2">C_{my}、C_{mz}和 C_{mLT}</th></tr>
<tr><th>均布荷载</th><th>集中荷载</th></tr>
<tr><td>M ψM</td><td colspan="2">$-1\leqslant\psi\leqslant1$</td><td colspan="2">$0.6+0.4\psi\geqslant0.4$</td></tr>
<tr><td rowspan="3">M_h M_s ψM_h
$\alpha_s=M_s/M_h$</td><td>$0\leqslant\alpha_s\leqslant1$</td><td>$-1\leqslant\psi\leqslant1$</td><td>$0.2+0.8\alpha_s\geqslant0.4$</td><td>$0.2+0.8\alpha_s\geqslant0.4$</td></tr>
<tr><td rowspan="2">$-1\leqslant\alpha_s<0$</td><td>$0\leqslant\psi\leqslant1$</td><td>$0.1-0.8\alpha_s\geqslant0.4$</td><td>$-0.8\alpha_s\geqslant0.4$</td></tr>
<tr><td>$-1\leqslant\psi<0$</td><td>$0.1(1-\psi)-0.8\alpha_s\geqslant0.4$</td><td>$0.2(-\psi)-0.8\alpha_s\geqslant0.4$</td></tr>
<tr><td rowspan="3">M_h M_s ψM_h
$\alpha_h=M_h/M_s$</td><td>$0\leqslant\alpha_h\leqslant1$</td><td>$-1\leqslant\psi\leqslant1$</td><td>$0.95+0.05\alpha_h$</td><td>$0.90+0.10\alpha_h$</td></tr>
<tr><td rowspan="2">$-1\leqslant\alpha_h<0$</td><td>$0\leqslant\psi\leqslant1$</td><td>$0.95+0.05\alpha_h$</td><td>$0.90+0.10\alpha_h$</td></tr>
<tr><td>$-1\leqslant\psi<0$</td><td>$0.95+0.05\alpha_h(1+2\psi)$</td><td>$0.90-0.10\alpha_h(1+2\psi)$</td></tr>
<tr><td colspan="5">对于具有横摆屈曲模态的构件,等效均匀弯矩系数应分别取 $C_{my}=0.9$ 或者 $C_{mz}=0.9$。</td></tr>
<tr><td colspan="5">C_{my}、C_{mz}和 C_{mLT}应根据相关支撑点之间的弯矩图得出:
弯矩系数 弯曲轴 点支撑的方向
C_{my} y-y z-z
C_{mz} z-z y-y
C_{mLT} y-y y-y</td></tr>
</table>

本章参考文献

Lindner J(2003) Design of beams and beam columns. *Progress in Structural Engineering* and Materials, **5**, 38-47.

第 10 章 附录 AB(资料性)——补充设计规定

EN 1993-1-1 的*附录 AB* 被分成了两个简短的小节,包含了关于考虑材料非线性的结构分析的附加信息,以及关于连续楼板梁设计的简化规定。必须说明的是,本附录拟在未来以修订版的形式纳入 EN 1990 之中。

本指南的 10.1 节和 10.2 节分别对应 EN 1993-1-1 的***条款 AB.1*** 和***条款 AB.2***。 ***条款AB.1*** ***条款AB.2***

10.1 考虑材料非线性的结构分析

条款AB.1 指出,考虑材料非线性时,结构中的作用效应(即构件的内力和内力矩)可使用增量法来确定。此外,对于每一个相关的设计状况(或作用组合),每一个永久作用和可变作用都应呈比例地增加。 ***条款AB.1***

10.2 连续楼板梁设计的简化规定

条款AB.2 提供了当设计有楼板建筑的连续楼面梁时的两种简化加载布置方法。当均布荷载占主导作用时本指南适用,但存在悬臂梁时本指南可能不适用。 ***条款AB.2***

两种加载布置方法按如下方式考虑:

1. 对于最大的向下弯矩,逐跨替换承受永久和可变荷载设计值,而其他的跨只承受永久荷载设计值。

2. 对于最大的向上弯矩,任意相邻两跨承受永久和可变荷载设计值,其余所有的跨只承受永久荷载设计值。

第 11 章　附录 BB(资料性)——建筑结构部件的屈曲

本章作为 EN 1993-1-1 中对于建筑部件屈曲的补充指南,如*附录 BB* 所述。本指南的 11.1 节、11.2 节和 11.3 节分别对应 EN 1993-1-1 的*条款 BB.1*、*条款 BB.2* 和*条款 BB.3*。

条款 BB.1
条款 BB.2
条款 BB.3

确定框架结构的单一构件的抗力,*附录 BB* 提供了关于构件稳定性的三个方面的具体指导:

■ 三角形格构式结构中柱肢和腹杆的屈曲长度 L_{cr} 的值。

■ 对于完全约束一根梁抵抗侧向扭转屈曲的梯形薄板的刚度要求——S 或 $C_{v,k}$ 的值。

■ 含有塑性铰的构件在相邻侧向或扭转约束之间的最大稳定长度——L_m 或 L_k 的值。

以上条款的第一条和第三条与 BS 5950 第 1 部分的规定类似,而板约束部分是全新内容。

11.1　三角形格构式结构中构件的弯曲屈曲

条款 BB.1

条款 BB.1 针对涵盖角钢或管截面构件的结构,提供了一系列情况下 L_{cr} 的取值。对于前者,它主要遵循 BS 5950 第 1 部分中的方法,将力传递线上的端部约束和偏心效应结合到同一个设计规定中,即 L_{cr} 的推荐值既考虑了偏心的存在,也包括了偏心效应的允许值,以便将构件按轴向加载设计。当相邻构件具有较大的刚度,可以认为对撑杆或柱肢的转动约束足够时,L_{cr} 的取值考虑了桁架面内和面外的受力情况。在任何情况下,当能够在测试或更严格的分析的基础上证明这些取值的合理性时,可使用更有竞争力的取值,即更短的屈曲长度。《钢结构设计手册》(*The Steel Designers' Manual*)(Davison 和 Owens, 2011) 第 20 章中给出了进一步指导。

11.2　连续约束

根据梁的性能,给出剪切刚度 S 和扭转约束刚度 $C_{v,k}$ 的表达式,从而可以假设薄板能提供完全的侧向或扭转约束,结果是式(*6.55*)中的 χ_{LT} 可以取 1。对于某一特定布置,应当参照 Eurocode 3 第 1-3 部分给出的条款确定 S 和 $C_{v,k}$ 的适当值。

虽然(通过**条款*BB.2.1***)参考了第 1-3 部分,但本指南并没有提供关于确定板和紧固件具体布置中 S 的适当取值的明确指导。所以,必须参考其他文献,例如 Bryan 和 Davies(1982)的著作。 **条款*BB.2.1***

与上述情况相反,第 1-3 部分的条款 10.1.5.2 提供了一个关于计算整体转动刚度 C_D(作为板的弯曲刚度,板与梁间相互连接的转动刚度的组合)的详细步骤:然而,对于后一种效应的特殊公式中,假定梁为具有适当板和檩条紧固件布置的轻型檩条。因此,建议在考虑其他不同材质布置时需要谨慎使用,例,板由热轧梁支撑。

当然,也有可能板能提供侧向和扭转两种约束,关于这方面问题已经有人做了研究(相关的设计步骤见 Nethercot 和 Trahair, 1975),但 Eurocode 3 没有明确阐述。

11.3　面外屈曲时塑性铰区段的稳定长度

使用塑性设计方法时要求结构的抗力由塑性破坏机制控制。因此必须避免由任何形式的屈曲导致的过早破坏。正因如此,只有 1 类截面可用于要求发挥塑性铰作用的构件。与此相似的,构件屈曲不能削弱此类构件提供足够塑性铰转动的能力。因此,对于单一构件的长细比必须加以限制。本节提供了涵盖各种条件下的限制:

- 承受轴向压力和均匀弯矩的等截面构件的相邻侧向约束之间的稳定长度 L_m。
- 承受轴向压力和恒定或线性变化或非线性变化的弯矩的等截面构件的相邻扭转约束之间的稳定长度 L_k或 L_s。
- 加腋形构件或锥形构件的相邻侧向约束之间的稳定长度 L_m。
- 加腋形构件或锥形构件的相邻扭转约束之间的稳定长度 L_s。

除此之外,本指南给出了承受线性弯矩或非线性弯矩的等截面和变截面构件沿受拉翼缘存在连续侧向约束时的修正系数。

图 11.1 说明了所考虑情况的性质。由于整体设计假定塑性破坏机制的形成导致框架发生破坏即在图 11.1 中椽条的焊趾处形成塑性铰(图 11.1 中点 6)。这一点和椽柱节点之间的加腋,以及塑性铰另外一侧椽条延伸到支撑点 7 的长度都不能因为侧向扭转屈曲而提前破坏。对于加腋,取决于支撑位置处的精确约束条件(侧向或扭转)和是否有三处翼缘加腋(图 11.1)或仅有两处翼缘加腋,最大稳定长度可通过式(*BB.9*)至式(*BB.12*)中之一计算获得。如果考虑受拉翼缘连续约束的额外益处,应当对式(*BB.13*)或式(*BB.14*)加以修正。对于在点 6 和点 7 之间的均匀长度椽条,式(***BB.5***)至式(***BB.8***)应酌情使用。

这些资料中的很大部分与 BS 5950 第 1 部分的附录 G 中相同主题的处理非常类似。当然,它主要用于仓顶门式钢架结构设计,尤其是验证屋檐区加腋椽条的稳定性时。进一步的指导可浏览 Gardner(2011) 和《钢结构设计手册》(*The Steel Designers' Manual*)(Davison 和 Owens, 2011)的第 17 章和第 19 章。

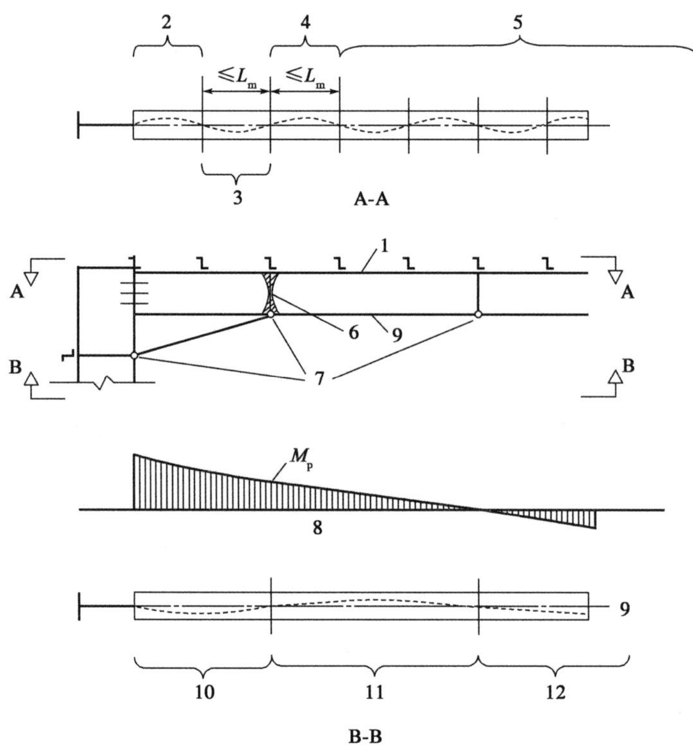

图注:

1-受拉翼缘;2-弹性截面(见条款6.3);3-塑性稳定长度(见条款BB.3.2.1)或弹性稳定长度(见条款6.3.5.3(2)B);4-塑性稳定长度(见条款BB.3.1.1);5-弹性截面(见条款6.3);6-塑性铰;7-约束;8-弯矩图;9-受压翼缘;10-塑性稳定长度(见条款BB.3.2)或弹性稳定长度(见条款6.3.5.3(2)B);11-塑性稳定长度(见条款BB3.1.2);12-弹性截面(见条款6.3),χ和χ_{LT}来自N_{cr}和M_{cr},包括受拉翼缘约束

图 11.1　三处翼缘加腋构件

本章参考文献

Bryan ER and Davies JM(1982) *Manual of Stressed Skin Diaphragm Design*. London: Granada.

Davison B and Owens GW(2011) *The Steel Designers' Manual*, 7th edn. Steel Construction Institute, Ascot, and Blackwell, Oxford.

Gardner L(2011) *Steel Building Design: Stability of Beams and Columns*. Steel Construction Institute, Ascot, P360.

Nethercot DA and Trahair NS(1975) Design of diaphragm braced I-beams. *Journal of Structural Engineering of the ASCE*, **101**, 2045-2061.

第 12 章　节点设计

12.1　背景

本章讨论的主题是节点设计,与《Eurocode 3:钢结构设计　第 1-8 部分:节点设计》(EN 1993-1-8)中的内容一致。本章的目的是提供节点设计概述,详细程度大致等同于 BS 5950 第 1 部分中提供的节点内容。本指南的前述章节编号直接对应于 Eurocode 3 第 1-1 部分的章节编号,但与前述章节不同的是,本章的章节编号与标准无关。

Eurocode 3 第 1-8 部分比 Eurocode 3 第 1-1 部分长大约 50%。与英国设计人员期望在标准中找到的内容相比,它提供了对整个连接领域更广泛的处理方法。首先,理解材料并辨别哪一部分用于哪个具体应用就不是一件容易的事情。传统的英国惯例,标准文档仅涉及与自身相关的特定的基础材料,比如,螺栓和焊缝的强度,或有关推荐几何形状要求的信息。EN 1993-1-8 涉及了从传统上与补充设计指南相关的领域。因此,在其 130 页内容中,只有大约三分之一涵盖了普通问题,余下的部分近似划分为两等份,分别讨论 I 形截面和管截面之间节点的应用规定。

本质上说,EN 1993-1-8 涵盖范围主要集中在以下四个主题上:

■ 紧固件(EN 1993-1-8 第 3 章和第 4 章),包括受剪螺栓基本强度、角焊缝抗力等。

■ 在整体框架设计中连接的作用(EN 1993-1-8 第 5 章),涵盖了节点分类和整体框架分析的各种可能方法。

■ I 形截面之间的节点(EN 1993-1-8 第 6 章),与 BS 5950 第 1 部分的内容相比,更类似于 BSCA/SCT "绿皮书"(BCSA/SCI, 1995,2011)中的方法。

■ 结构管截面之间的节点(EN 1993-1-8 第 7 章),与现行的几部 CIDECT 指南(Wardenier 等, 2008;Packer 等, 2009)非常类似。

将来很有可能会出现撰写类似于"绿皮书"的系列设计指南(其 Eurocode 版本现已发布)、编写设计软件和其他专业材料来支持本文献的技术内容。一本关于"简单连接"的 ECCS 文件可供使用(Jaspart 等,2009)。本章指导读者阅读最普遍相关的材料并对 EN 1993-1-8 更详细的内容给出一些解释和指导。

12.2　简介

EN 1993-1-8 第 1 章涵盖了整个文件的范围并提供了有用的定义列表(EN 1993-1-8 条款 1.3)和符号列表(EN 1993-1-8 条款1.4)。出于对定义不同节点形式的详细布置相关的许多几何参数的需求,后者不仅仅是通常的符号列表。

12.3　设计依据

EN 1993-1-8 第 2 章将不同节点形式的分项系数 γ_M 列在表 12.1 中(见 EN 1993-1-8 表 2.1),其中最常见的是:

■ 螺栓、销轴、焊缝和承压板的抗力分项系数 γ_{M2}。

■ 抗滑力分项系数 γ_{M3}。

■ 管截面格构梁的节点抗力分项系数 γ_{M5}。

以上分项系数的数值,根据 Eurocode 3 和 EN 1993-1-8 的英国国家附件的定义,列在表 12.1 中。

与连接有关的分项系数 γ_M 的数值　　表 12.1

分项系数 γ_M	Eurocode 3 和英国国家附件
γ_{M2}	1.25
γ_{M3}	1.25(或 1.1,适用性)
γ_{M5}	1.0

根据 EN 1993-1-8 的条款 2.5 中列出的一组基本设计概念,可以使用线弹性分析或弹塑性分析来确定节点构件的力。这些遵循节点设计的常规原理(Owens 和 Cheal, 1988)。当使用 EN 1993-1-8 条款 2.7 中所列原理时,允许存在力作用线的偏心效应。

EN 1993-1-8 的第 2 章总结了一系列参考标准,涵盖了通常节点的典型构件,如:螺栓、螺母和垫圈,或节点施工的必需构件,如焊接材料。

12.4　螺栓、铆钉和销轴连接

12.4.1　一般规定

EN 1993-1-8 的表 3.1 中列出了五个等级的螺栓,从 4.6 级到 10.9 级,并包括了英国标准 8.8 级。只有 8.8 级或 10.9 级螺栓可用于预紧螺栓设计。

EN 1993-1-8 的条款 3.4.1 中定义了抗剪螺栓设计的三种情况:

■ 承压螺栓——最常见的布置。

■ 正常使用极限状态下的抗滑力——由抗剪或承压强度控制的极限状态。

■ 承载能力极限状态下的抗滑力——由滑动控制的极限状态。

相似地,抗拉螺栓的两种类别定义如下:

■ 无预紧螺栓——最常见的类型。

■ 预紧螺栓——使用预紧设备时。

EN 1993-1-8 的表 3.2 中列出了上述五种布置形式所需的设计验算。

EN 1993-1-8 的表 3.3 中提供了有关螺栓孔定位几何限制的信息。这些信息与 BS 5950 第 1 部分的条款大致相符。包括受拉构件中常规和交错孔洞的常用条款;本指南 6.2.2 涵盖了这一指南,并参考了 EN 1993-1-1 的规定。

12.4.2　设计抗力

EN 1993-1-8 的表 3.4 列出了单个受剪和/或受拉螺栓的设计规则。对于受剪螺栓,抗力的公式为:

$$F_{v,Rd}=\frac{\alpha_v f_{ub} A}{\gamma_{M2}} \qquad (D12.1)$$

式中:α_v——$\alpha_v=0.6$ 适用于剪力作用平面通过有螺纹部分的螺栓(4.6 级,5.6 级和 8.8级),也适用于剪力作用平面不通过有螺纹部分的所有等级螺栓,$\alpha_v=0.5$ 适用于剪力作用平面通过有螺纹部分的螺栓(4.8 级,5.8 级,6.8 级和 10.9 级);

f_{ub}——螺栓的极限抗拉强度;

A——剪力作用平面通过有螺纹部分时的螺栓拉应力面积,或剪力作用平面通过没有螺纹部分时的螺栓总面积。

对于承压型螺栓,抗力计算公式为:

$$F_{b,Rd}=\frac{k_1 \alpha_b f_u d t}{\gamma_{M2}} \qquad (D12.2)$$

式中:α_b——α_d f_{ub}/f_u或 1.0 中的最小值;

f_u——连接部分的极限抗拉强度,参照图 12.1。

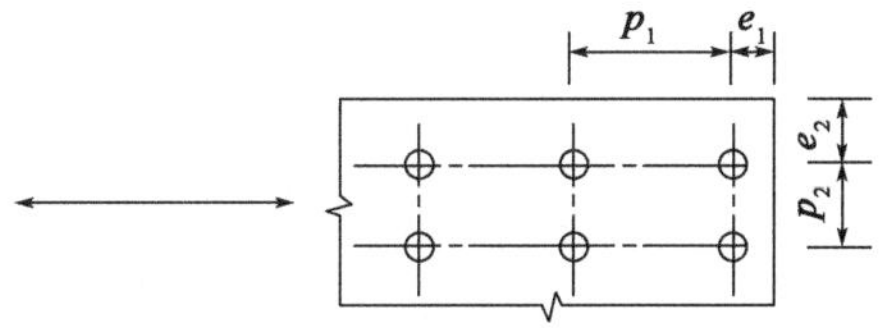

图 12.1　p_1、e_1、p_2和 e_2的定义

■ 沿荷载传递的方向:

$\alpha_d=\frac{e_1}{3d_0}$　对于端部螺栓;

$\alpha_d=\frac{p_1}{3d_0}-0.25$　对于内排螺栓。

■ 垂直于荷载传递的方向,k_1 取下列值中的较小者:

$\left(2.8\times\frac{e_2}{d_0}-1.7\right)$或者 2.5　　对于端部螺栓;

$\left(1.4\times\frac{p_2}{d_0}-1.7\right)$或者 2.5　　对于内排螺栓。

符号 p_1、e_1、p_2和 e_2 定义如图 12.1 所示。

对于受拉螺栓，其抗力为：

$$F_{t,Rd}=\frac{k_2 f_{ub} A_s}{\gamma_{M2}} \tag{D12.3}$$

式中：A_s——螺栓受拉区面积；

$k_2=0.9$（对于沉头螺栓，$k_2=0.63$）。

对于承受剪力和拉力的螺栓，抗力计算公式为：

$$\frac{F_{v,Ed}}{F_{v,Rd}}+\frac{F_{t,Ed}}{1.4F_{t,Rd}}\leqslant 1.0 \tag{D12.4}$$

当使用开孔尺寸过大及长圆孔或沉头螺栓时另有特别规定。

当螺栓以剪力和压力的形式传递荷载，并通过总厚度为 t_p 的填料连接（图 12.2）时，抗剪承载力设计值应当以系数 β_p折减，其值由以下公式给出：

$$\beta_p=\frac{9d}{8d+3t_p} \quad 但\ \beta_p\leqslant 1.0 \tag{D12.5}$$

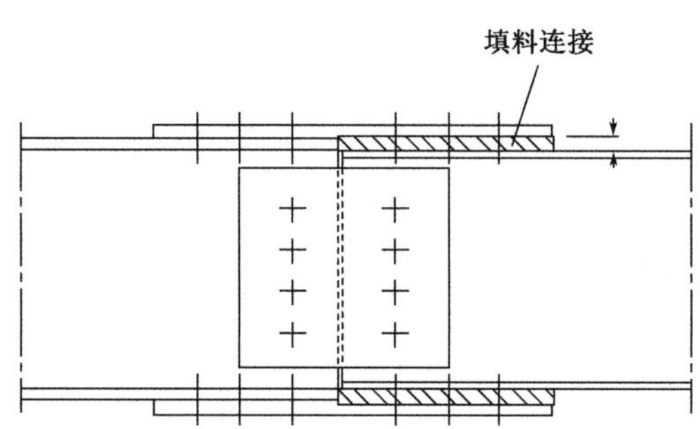

图 12.2 通过填料连接的紧固件

对于预拉力螺栓，预拉力的设计值 $F_{p,Cd}$由以下公式给出：

$$F_{p,Cd}=\frac{0.7 f_{ub} A_s}{\gamma_{M7}} \tag{D12.6}$$

对于化学螺栓（EN 1993-1-8 条款 3.6.2）、承压型螺栓群（EN 1993-1-8 条款 3.7）和长节点（EN 1993-1-8 条款 3.8）也有规定。对于长节点，所有紧固件的抗剪承载力设计值应乘以折减系数 β_{Lf}，其值由下式给出：

$$\beta_{Lf}=1-\frac{L_j-15d}{200d} \quad 但\ 0.75\leqslant\beta_{Lf}\leqslant 1.0 \tag{D12.7}$$

式中：L_j——连接节点中端部螺栓的中心间距。

12.4.3 抗滑移连接

抗滑移连接的设计应根据 EN 1993-1-8 条款 3.9 进行，该条款给出的抗滑力公式为：

$$F_{s,Rd}=\frac{k_s n\mu}{\gamma_{M3}}F_{p,C} \tag{D12.8}$$

式中：n——摩擦表面的数量；

$F_{p,C}=0.7\times 800A_s$（与标准一致）。

系数 k_s 的取值以及对应于四种类型表面的摩擦系数 μ 分别由 EN 1993-1-8 表 3.6 和表 3.7 给出。

对于涉及拉力与剪力组合的情况，此时连接节点应当被设计成“正常使用状态下抗滑移”的功能，抗滑力的公式由下式给出：

$$F_{s,Rd,serv} = \frac{k_s n\mu(F_{p,C} - 0.8F_{t,Ed,serv})}{\gamma_{M3}} \quad (D12.9)$$

12.4.4　块状撕裂

块状撕裂有几种情形，此类情形中沿着一排螺栓发生的受剪破坏与沿着另一排螺栓发生的受拉破断相互作用，导致一部分材料分离，从而导致连接节点的断裂，如图 12.3 所示（EN 1993-1-8 图 3.8）。

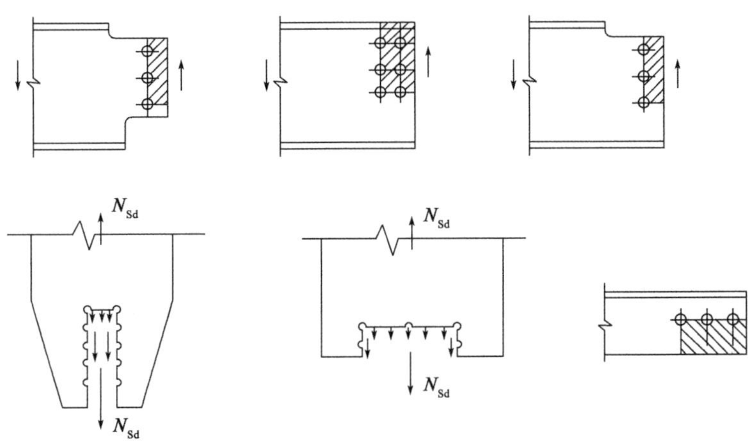

图 12.3　块状撕裂

包含同心和偏心荷载情形的公式分别由式（D12.10）和式（D12.11）给出：

$$V_{eff,1,Rd} = \frac{f_u A_{nt}}{\gamma_{M2}} + \frac{(1/\sqrt{3})f_y A_{nt}}{\gamma_{M0}} \quad (D12.10)$$

$$V_{eff,2,Rd} = \frac{0.5f_u A_{nt}}{\gamma_{M2}} + \frac{(1/\sqrt{3})f_y A_{nv}}{\gamma_{M0}} \quad (D12.11)$$

式中：A_{nt}——受拉区的净截面；

A_{nv}——受剪区的净截面。

这些公式不同于早期 ENV 文件中所使用的受剪和受拉净截面公式。近期加拿大的研究成果以及 Driver 等（2004）对美国钢结构研究协会（AISC）的处理方法的批评，表明原始的 ENV 概念在物理试验中展现出的力学性能更具有代表性，并且对相关试验数据给出了清晰且偏于安全的预测。

尽管表达的方式有所不同，但本指南中的变量和 BS 5950 第 1 部分中处理方法的变量在概念上相似。

对于单连接角钢抗拉计算，采用了常规措施：将其作为带有修正系数的同心荷载作用于该区域。

12.4.5　撬力

尽管 EN 1993-1-8 的条款 3.11 明确要求在“可能发生的地方”允许受拉螺栓中存在撬力,但没有给出如何识别此类情况或使用何种方式来确定其取值的指导信息。因此,EN 1993-1-8 的表 3.4 中给出的相互作用公式和 BS 5950 第 1 部分条款 6.3.4.4 的第二个公式类似。在没有专门指导的情况下,可以按照 BS 5950 第 1 部分条款6.3.4.3来确定螺栓总拉力 $F_{t,Ed}$。

12.4.6　承载能力极限状态的受力分布

除下列情况外,螺栓力可使用塑性分布:

■ 对于设计成“承载能力极限状态抗滑移”的连接;

■ 当剪力(而不是压力)起控制作用时;

■ 连接必须设计成抵抗冲击、振动和反向荷载效应(除了仅由风荷载引起的反向荷载)的情形。

如果满足静力平衡条件且不超过单颗螺栓抗力和延展性要求,那么使用任何塑性分析方法都是可行的。

12.4.7　销轴连接

对于销轴连接(图 12.4),有以下两种情况:

■ 对于没有扭转要求的情况,销轴可按单颗螺栓设计。

■ 所有其他排布形式应遵循 EN 1993-1-8 条款 3.13.2 中给出的步骤。

图 12.4　销轴连接

EN 1993-1-8 的表 3.10 列出了销轴在抗剪、承压(销轴和连接板)、受弯以及弯剪组合下的设计要求。如果是可替换销轴,对于接触的承压应力有进一步的限制。除开某些系数数值上的区别,这些规则和 BS 5950 第 1 部分从本质上是相似的。

12.5　焊接连接

12.5.1　一般规定

本指南中给出了材料厚度超过 4mm 时焊缝的设计信息，但对于管截面的焊缝，厚度限制减小至 2.5mm，EN 1993-1-8 第 7 章中提供了具体的指导。对于更薄的材料，通常参见 Eurocode 3 第 1-3 部分。有关焊接疲劳设计方面的信息，请参见第 1-9 部分，关于断裂方面的信息参见第 1-10 部分。通常情况下假设焊接金属的力学性能至少等效于母材强度、延展性和韧性。

EN 1993-1-8 条款 4.3.1 涵盖了所有结构焊缝的主要类型。

12.5.2　角焊缝

通常角焊缝角度限制范围是 60° ~ 120°，但在该限制范围之外的设计是允许的。间断角焊缝必须满足 EN 1993-1-8 图 4.1 关于焊接段/非焊接段长度比的要求。最小长度要求为 30mm 或 6 倍焊喉高度，满足长度要求的焊缝才能被视为有承载能力的连接方式。EN 1993-1-8 图 4.3 表示了如何测量有效焊缝厚度，最小厚度不应小于 3mm。对于深入角焊缝，如 EN 1993-1-8 图 4.4 中的定义，必须经试验证明深入程度达到要求。

对于角焊缝设计，允许使用以下两种方法：

- 直接法，通过单位长度焊缝传递的力被分解成平行和垂直分量。
- 简化法，仅考虑纵向剪力的作用。

以上方法大致上与 BS 5950 第 1 部分分别在 2000 年和 1990 年版本中使用的方法相同。

可以说，角焊缝最基本设计参数是有效长度和焊脚长度/焊喉尺寸。对于前者，应当使用角焊缝达到全尺寸的全部长度，通常，这将是总长度减去 2 倍焊喉高度以考虑起止端效应。

直接法

图 12.5（EN 1993-1-8 中图 4.5）中假定了正应力和剪应力的形式，其中：

- $\sigma_{\perp}$ 为垂直于喉部的正应力；
- $\sigma_{\parallel}$ 为平行于喉部轴的正应力；
- $\tau_{\perp}$ 为垂直于焊缝轴的剪应力；
- $\tau_{\parallel}$ 为平行于焊缝轴的剪应力。

假设 $\sigma_{\parallel}$ 不影响设计抗力，而 $\sigma_{\perp}$、$\tau_{\perp}$ 和 $\tau_{\parallel}$ 必须满足式（D12.12a）和式（D12.12b）给的一对条件：

$$[\sigma_{\perp}^2 + 3(\tau_{\perp}^2 + \tau_{\perp}^2)]^{0.5} \leqslant \frac{f_u}{\beta_w \gamma_{M2}} \tag{D12.12a}$$

$$\sigma_{\perp} \leqslant \frac{f_u}{\gamma_{M2}} \tag{D12.12b}$$

式中:f_u——连接节点中较弱部分的名义极限强度;

β_w——取决于钢材类型的系数(0.8 ~ 1.0),见 EN 1993-1-8 表 4.1。

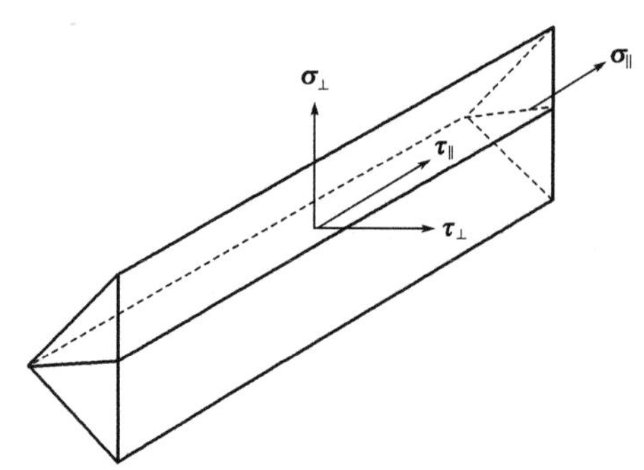

图 12.5　角焊缝的喉部应力

简化法

沿着长度方向的所有点,由焊缝传递每单位长度所有力的合力($F_{w,Ed}$)不能超过每单位长度的焊缝设计抗力($F_{w,Rd}$)。$F_{w,Rd}$为设计抗剪强度设计值$f_{vw,d}$和喉部厚度 a 的乘积。$f_{vw,d}$应按下式取值:

$$f_{vw,d}=\frac{f_u/\sqrt{3}}{\beta_w\gamma_{M2}} \tag{D12.13}$$

12.5.3　对接焊缝

对于全熔透对接焊缝,设计抗力简单地等于连接中较弱部分的强度。这种设计方法假定所使用焊接材料可以提供比母材强度更高的所有焊接拉伸样本。部分熔透对接焊缝应当作深入角焊缝设计。假设 T 形对接焊缝的公称焊喉高度超过形成的 T 形连接板的厚度 t,并且所有未焊接间隙不超过 $t/5$,这种布置形式可以被视为全熔透焊缝设计。

12.5.4　力的分布

在焊接连接中,可以使用弹性或塑性设计方法来确定力的分布,在此基础上应确保材料的延展性。

12.5.5　未加劲翼缘连接

当处理与 I 形或 H 形或矩形管截面相连接的板时,本节的规定需与后续 12.5.6和12.5.7中材料关联阅读。给出具体规定用来确定图 12.6(EN 1993-1-8 图 4.8)中定义的板有效宽度 b_{eff},从而用于以下设计计算公式:

$$F_{s,Rd}=\frac{b_{eff,b,fc}t_{fb}f_{y,fb}}{\gamma_{M0}} \tag{D12.14}$$

12.5.6　长节点

除了沿焊缝方向应力分布与相邻部件对应的布置之外,例如:主梁腹板-翼缘焊缝,搭接节点的长度大于 150a 或连接横向加劲肋与腹板的焊缝长度大于 1.7m 的长节点,分别通过下式给出的系数 β_{Lw}对基础设计抗力进行折减:

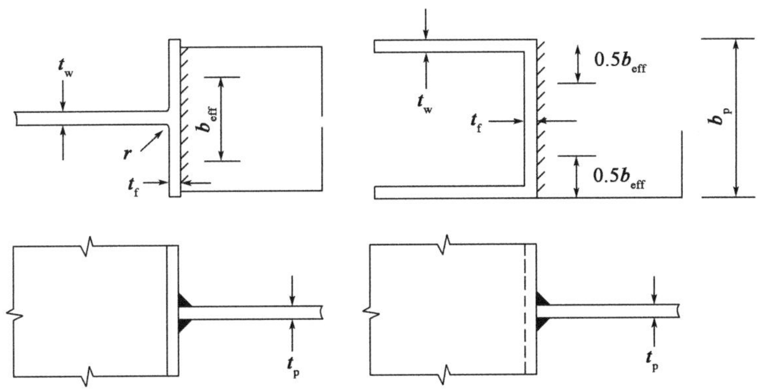

图 12.6　无加劲肋 T 形节点的有效宽度

$$\beta_{\mathrm{Lw},1} = 1.2 - 0.2L_j/150a \quad 但\ \beta_{\mathrm{Lw},1} \leq 1.0 \tag{D12.15}$$

和

$$\beta_{\mathrm{Lw},2} = 1.1 - L_w/17 \quad 但\ \beta_{\mathrm{Lw},2} \leq 1.0\ \beta_{\mathrm{Lw},2} \geq 0.6 \tag{D12.16}$$

式中：L_j——沿着力传递方向的整体搭接长度（m）；

L_w——焊缝长度（m）。

12.5.7　单连接角钢

对于必须明确考虑焊缝底部拉应力和确定单连接角钢有效区域以便当成同心作用荷载的情形，标准中给出了一些较好应用规则。上述两种情形的条款本质上与普通英国标准类似。

12.6　分析、分类与建模

12.6.1　整体分析

习惯于 BS 5950 中将节点力学特性与其对结构性能影响之间进行粗糙关联的读者会对 Eurocode 3 中关于该话题论述的详细程度感到惊讶。尽管英国规范 BS 5950和其早期版本 BS 449 中有一直认可的三种框架类别：

- 简单结构；
- 半刚性结构（Eurocode 3 中术语“半连续”）；
- 连续结构。

Eurocode 3 以更加明确和详细的方式将三种框架类型与三种整体分析的方法一一对应。

- 塑性分析；
- 刚塑性分析；
- 弹塑性分析。

它通过强度（抗弯承载力）和刚度（扭转）对节点进行分类。表 12.2（EN 1993-1-8 表 5.1）总结了这一过程。节点的弯矩-扭转特性是其核心概念，例如：节点可以传递的弯矩和相对应节点扭转之间关系。图 12.7 为一系列理想化节点类型,示意性地说明了这一点。

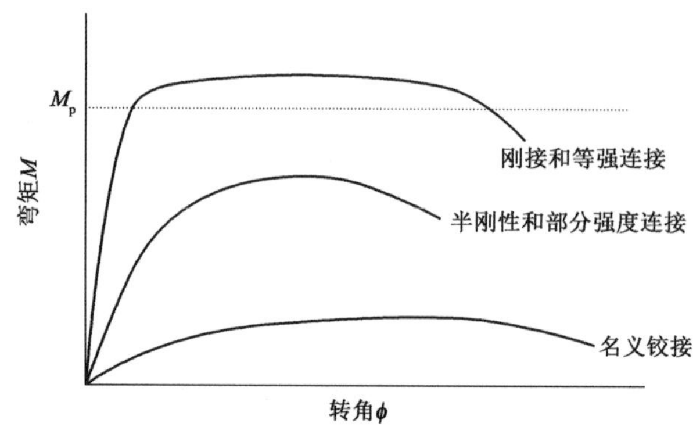

图 12.7 节点的弯矩-转角特性曲线

EN 1993-1-8 的条款 5.1.2 至条款 5.1.4 根据节点特性提出使用三种类型整体分析方法必须满足的要求。阅读以上材料并结合 EN 1993-1-8 关于节点分类的条款 5.2,可以确定以下直接选项:

■ 被定义为“名义铰接”的节点,例如,无法传递较大弯矩但在设计荷载作用下可以接受转角——根据简单结构原则设计的框架。

■ 被定义为“等强刚接”的节点,例如,有足够刚度证明基于“完全连续性和至少等于连接构件强度”的分析是合理的——按照连续结构原则用弹性、弹塑性或刚塑性分析方法设计的框架。

节点模型的种类 表 12.2

<table>
<tr><th colspan="2">整体分析法</th><th colspan="2">节 点 分 类</th></tr>
<tr><td>弹性</td><td>名义铰接</td><td>刚接</td><td>半刚性连接</td></tr>
<tr><td>刚塑性</td><td>名义铰接</td><td>等强连接</td><td>部分强度连接</td></tr>
<tr><td rowspan="3">弹塑性</td><td rowspan="3">名义铰接</td><td rowspan="3">等强刚接</td><td>半刚性和部分强度连接</td></tr>
<tr><td>半刚性和等强连接</td></tr>
<tr><td>刚接和部分强度连接</td></tr>
<tr><td>节点模型种类</td><td>简支</td><td>连续结构</td><td>半连续结构</td></tr>
</table>

对于刚度,EN 1993-1-8 条款 5.2.2.1 规定,节点分类可以以以下几点作为分类依据:

■ 试验数据;

■ 以往满足性能要求的经验;

■ 计算。

有趣的是,EN 1993-1-8 关于节点强度的等效条款,条款5.2.3.1,没有包含类似的措辞,因此可被解释为:仅允许基于计算结果的分类方法。例如:将抗弯承载力设计值 $M_{j,Rd}$ 与其连接的构件抗弯承载力设计值进行对比。考虑到过去 15 年来英国在改善英国“简单”和“弯矩”连接设计方面投入的注意力,以及大量英国实际常用的连接类别的基础知识(Nethercot, 1998)收录于 BCSA/SCI 绿皮书中

(BCSA/SCI, 1995, 2011);“根据以往满足性能要求的经验”也能当作节点分类成名义铰接和等强连接的依据,这一假设是合理的。

EN 1993-1-9 的条款 5.1.5 提供了针对由节点扭转刚度和偏心弯矩和/或格构梁中间板中荷载引起的二阶弯矩的相似详细处理办法。

希望采用半连续选项的设计人员应确保他们正确地熟知该主题;这需要比 Eurocode 3 中条款内容更深入的研究。合适的背景文献包括 Anderson(1996) 和 Faella 等(2000) 的研究成果。这些文献解释了在进行框架分析时明确包含节点刚度和部分强度属性所必需的节点模拟(EN 1993-1-8 条款 5.3)概念的背景知识。

12.7　H 型钢或工型钢的节点连接

12.7.1　一般规定

EN 1993-1-8 的第 6 章解释了被称为“分量法”的原理和应用概念。因为其在确定背景时有以下步骤:

- 抗弯承载力设计值 $M_{j,Rd}$;
- 扭转刚度 S_j;
- 转动能力 φ_{cd}。

它本质上属于半连续结构,例如:简单结构中,材料和节点相关性很小。

该节点被视为位于它连接的梁和柱中心线交点的扭转弹簧,拥有设计弯矩-扭转关系。EN 1993-1-8 图 6.1 说明了这一概念:EN 1993-1-8 图 6.1c)表示了对 EN 1993-1-8 图 6.1a)中布置形式的物理试验所预期的力学行为。为了能获得关于性能的三个关键指标——$M_{j,Rd}$、S_j 和 φ_{cd},节点被分解成基本组成部分,例如柱腹板加劲板的剪力,或螺栓中的拉应力,EN 1993-1-8 表 6.1 给出了确定其对三种性能指标中每一种贡献度的表达式或计算程序。第 6 章的其余条款定义并解释了这些公式和计算程序。

强烈建议有意愿实施本章材料的读者做好自身知识储备:研究 BCSA/SCI (1995)中关于弯矩连接指南的相关部分,因为它提供了对于本主题更简单且熟悉的介绍。那些想根据简单结构的原理来进行结构设计“名义铰接”连接的读者,建议使用 Eurocode 版本的绿皮书中关于简单结构的内容(BCSA/SCI,2011)。对于使用过 BS 5950 的读者会对绿皮书中该内容的大部分感到熟悉,因为只有本章开头所述类型的紧固件强度公式和取值上有区别。

12.8　管截面的节点连接

12.8.1　一般规定

EN 1993-1-8 第 7 章涵盖了连接管截面的结构节点的设计(图 12.8)。熟悉 CIDECT 系列关于管截面设计指南的读者将会对 EN 1993-1-8 第 7 章的许多内容感到熟悉。然而,它仅限于焊接连接设计的静力荷载,尽管在其他文献中

(CIDECT,1982)有关于疲劳荷载的指导。它涵盖了单平面和多平面节点,例如:二维和三维,格构结构中和考虑圆管、方管截面的布置形式。它还包含涉及开放和闭合的单平面节点的一些条款。

图 12.8　管截面的节点连接(伦敦眼)

除了特定几何限制之外,详细应用规则仅限于节点中所有构件的受压单元为第 2 类或更高级别的情形。EN 1993-1-8 图 7.1 包含涉及的所有几何布置,而 EN 1993-1-8的图 7.2 至图 7.4 阐述了所有潜在的破坏形式。由 EN 1993-1-8 条款 7.2.2中定义的六种特定形式,都包含支撑构件中轴向荷载和弯矩的情况。

EN 1993-1-8 条款 7.4 至条款 7.7,主要以表格的形式给出了检查每种布置合适与否的详细公式和步骤。建议有意实施这些检查的读者首先查阅相关的 CIDECT材料,知晓具体条款的依据和背景知识。

本章参考文献

Anderson D(ed.)(1996) *Semi-rigid Behaviour of Civil Engineering Structural Connections*. COST-C1, Brussels.

BCSA/SCI(1995) *Joints in Steel Construction-Moment Connections*. Steel Construction Institute, Ascot, P207.

BCSA/SCI(2011) *Joints in Steel Construction-Simple Connections*. Steel Construction Institute, Ascot.

CIDECT(1982) *Cidect Monograph No.7. Fatigue Behaviour of Welded Hollow Section Joints*. Comité International pour le Développement et l'Etude de la Construction Tubulaire, Cologne.

Driver RG, Grondin GY and Kulak GL(2004) A unified approach to design for block shear. In:*Connections in Steel Structures V:Innovative Steel Connections*. ***ECCS-AISC Workshop***, Amsterdam.

Faella C, Piluso V and Rizzano G(2000) *Structural Steel Semi-rigid Connections*. CRC Press, Boca Raton, FL.

Jaspart JP, Demonceau JF, Renkin S and Guillaume ML(2009) *European Recommendations for the Design of Simple Joints in Steel Structures*. European Convention for Constructional Steelwork, Brussels. Publication No. 126.

Nethercot DA(1998) Towards a standardisation of the design and detailing of connections. *Journal of Constructional Steel Research*, 46:3-4.

Owens GW and Cheal BD(1988) *Structural Steelwork Connections*. Butterworth, London.

Packer JA, Wardenier J, Zhao X-L, van der Vege GJ and Kurobane Y(2009) *Design Guide for Rectangular Hollow Section(RHS) Joints Under Predominantly Static Loading*, 2nd edn. Comité International pour le Développement et l' Etude de la Construction Tubulaire(CIDECT), Cologne.

Wardenier J, Kurobone Y, Packer JA, van der Vegte GJ and Zhao X-L(2008) *Design Guide for Circular Hollow Section(CHS) Joints Under Predominantly Static Loading*, 2nd edn. Comité International pour le Développement et l' Étude de la Construction Tubulaire(CIDECT), Cologne.

第 13 章　冷成型结构设计

本章讨论的主题为冷成型结构设计,对应 EN 1993-1-3。本章目的是提供关于冷成型结构部件力学特性的综述,并描述标准要点。与本指南第 1 章至第 11 章不同的是,指南中其他章节编号直接与 EN 1993 第 1-1 部分的编号对应,而本章编号与 EN 1993 中编号无对应关系。

13.1　简介

冷成型、薄壁结构过去仅限于需要着重考虑减轻重量的应用,例如航天与汽车行业。然而,随着制造技术的改进,防腐措施的提高,产品适用性的增强,对结构反应理解的深入和对于冷成型截面设计规范复杂性的提高,薄壁结构的使用已变得日益广泛。薄壁结构与热轧钢材相结合的应用目前很普遍(图 13.1)。

图 13.1　薄壁(冷成型)截面与热轧钢材结合使用(Courtesy of Metsec)

使用薄壁型材料将会带来一系列具体设计问题,这些问题在使用普通热轧截面时通常不会遇到,这包括:

- 由于冷加工导致材料特性分布不均匀;
- 圆形倒角和几何特性计算;
- 局部屈曲;
- 畸变屈曲;
- 扭转屈曲和弯扭屈曲;
- 剪力滞后;
- 翼缘挠曲;
- 腹板压溃、折屈和屈曲。

这些效应及其处理方法将在本章其余部分概述。进一步的一般性指导，包含类似冷成型截面连接、正常使用情况考虑因素、模块化施工、耐久性和抗火性等方面的内容，可参见 Grubb 等（2001）、Gorgolewski 等（2001）以及 Rhodes 和 Lawson（1992）等专家成果。

13.2　Eurocode 3 第 1-3 部分的适用范围

EN 1993-1-3 适用范围受到表 13.1 中规定的最大宽厚比的限制。当截面中板件的宽厚比超过以上范围时必须经过试验验证。有趣的是，EN 1993-1-3 还指出其条款不适用于冷成型圆形和矩形管截面设计；因此，本指南中没有提及这类截面的屈曲曲线，关于这部分内容请参照 EN 1993-1-1。

EN 1993-1-3 中涵盖的最大宽厚比　　表 13.1

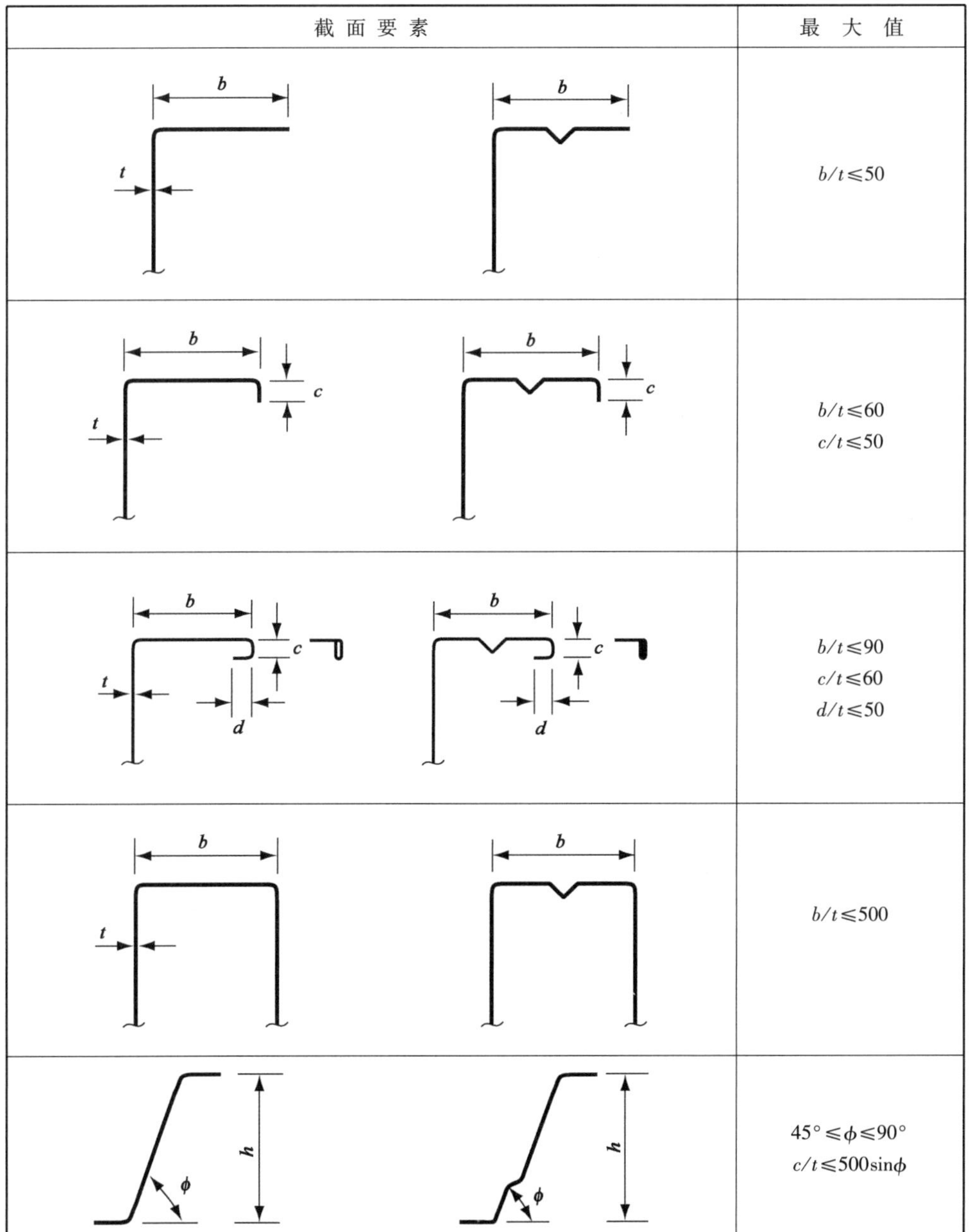

截面要素	最大值
	$b/t \leqslant 50$
	$b/t \leqslant 60$ $c/t \leqslant 50$
	$b/t \leqslant 90$ $c/t \leqslant 60$ $d/t \leqslant 50$
	$b/t \leqslant 500$
	$45° \leqslant \phi \leqslant 90°$ $c/t \leqslant 500\sin\phi$

13.3　材料特性

所有涉及塑性变形的冷成型加工都会导致材料基本性能的变化;基本上会提高屈服强度,但相应会降低材料延性(极限应变)。EN 1993-1-3 通过定义平均(增强)屈服强度 f_{ya} 来表示由于冷弯导致的强度增加,这一增强屈服强度在随后的计算过程中可以代替基本屈服强度 f_{yb}(稍后会讨论本方法的限制条件)。EN 1993-1-3的平均屈服强度公式为:

$$f_{ya} = f_{yb} + \frac{knt^2}{A_g}(f_u + f_{yb}) \qquad 但 f_{yz} \leqslant \frac{f_u + f_{yb}}{2} \qquad (D13.1)$$

式中:t——材料厚度(mm);

A_g——毛截面面积(mm^2);

k——取决于冷成型过程的系数(对于冷轧加工 $k=7$,对于其他成型方法 $k=5$);

n——截面中弯折内径小于或等于 5 倍材料厚度的 90°弯曲段数(90°弯曲的分段应计为 n 的分段)。

标准还允许通过足尺试验测试确定平均屈服强度。

标准规定平均(增强)屈服强度不能用于 4 类截面(因为该类截面并未完全有效)或构件在成型之后进行热处理的情形。

13.4　圆形倒角与截面几何特性计算

冷成型截面由于圆形倒角存在导致在几何特性计算方面不如尖倒角截面简单直白。在此截面中,EN 1993-1-3 规定平直段名义宽度 b_p(用作计算有效截面特性的依据)应测量至附近倒角单元中点,如图 13.2 所示。

对于较小内径,圆形倒角带来的影响很小,可以忽略不计。EN 1993-1-3 允许根据理想化截面进行截面特性计算,该理想化截面仅包含一些平直单元,这些平直单元是将实际单元沿其中线集中得到,如图 13.3 所示,前提是 $r \leqslant 5t$ 和 $r \leqslant 0.10b_p$(其中 r 为内倒角半径,t 为材料厚度,b_p 为平面单元的平直段名义宽度)。

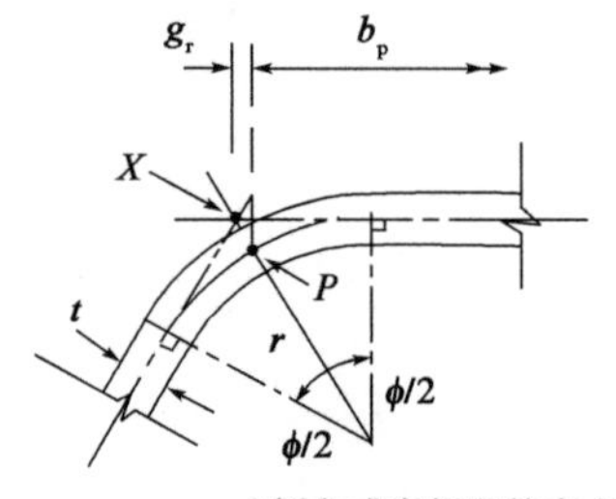

a)倒角或弯折段的中点

图 13.2

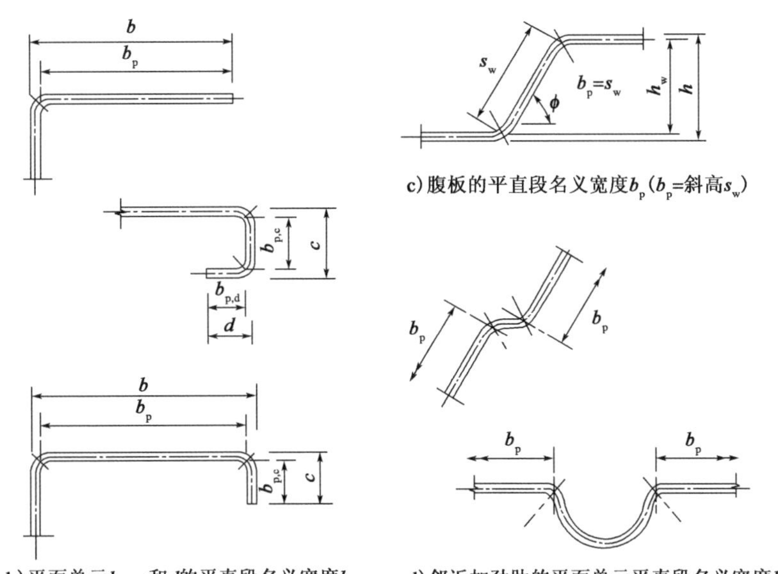

图 13.2　考虑了倒角半径的平面单元名义宽度 b_p

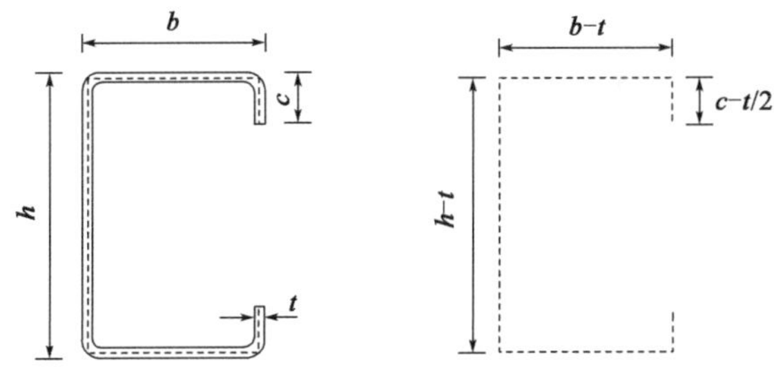

图 13.3　理想化截面特性

值得注意的是，截面表和计算软件通常会考虑圆形倒角的影响，所以基于理想化截面得到的截面特性可能会存在略微差异。算例 13.1 和算例 13.2 展示了根据理想化截面计算卷边槽钢毛截面特性和有效截面特性的过程。

13.5　局部屈曲

EN 1993-1-3 中关于受压单元的局部屈曲主要参照 EN 1993 第 1-5 部分来解决。如本指南 6.2.2 中的解释，采用有效宽度法，因此不计截面“无效”部分且截面特性根据剩余有效部分进行计算确定。

对于使用理想化截面进行计算的情形（参见本指南的 13.4 节），平面单元采用尖倒角组成截面（当 $r \leq 5t$ 和 $r \leq 0.10b_p$ 时），平面单元的名义平直段宽度 b_p（用于计算有效截面特性）可简单作为理想化单元的有效宽度。

算例 13.1 举例说明考虑卷边槽钢截面局部屈曲时的有效截面特性计算。然而还应确定畸变屈曲对这种截面的影响，这正是算例 13.2 的主题。

算例 13.1　考虑局部屈曲时的截面特性计算

计算一 200 ×65 ×1.6mm 的镀锌卷边槽钢的有效面积和由于局部屈曲导致的中性轴水平偏移,钢板名义屈服强度为 $280N/mm^2$,杨氏模量为 $210000N/mm^2$,钢板受到纯压作用。假设镀锌的截面厚度为 0.04mm,计算中忽略锌镀层的作用。

截面特性

截面特性如图 13.4 所示。

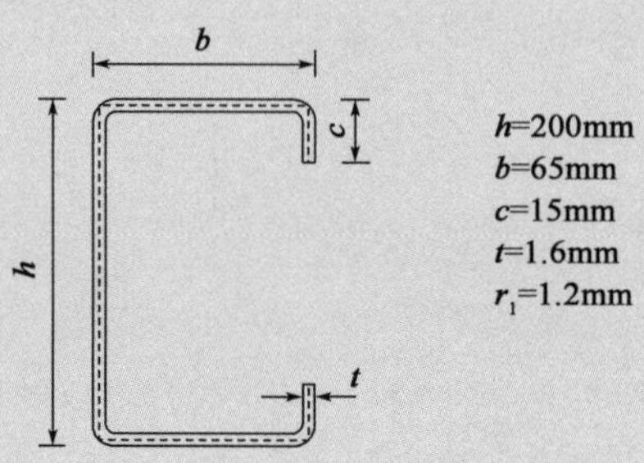

图 13.4　200 ×65 ×1.6mm 卷边槽钢的截面特性

圆形倒角内径小于 $5t$ 和 $0.1b_p$。因此采用理想化几何截面不会产生显著误差(EN 1993-1-3)。

理想化截面尺寸

理想化截面尺寸如图 13.5 所示。

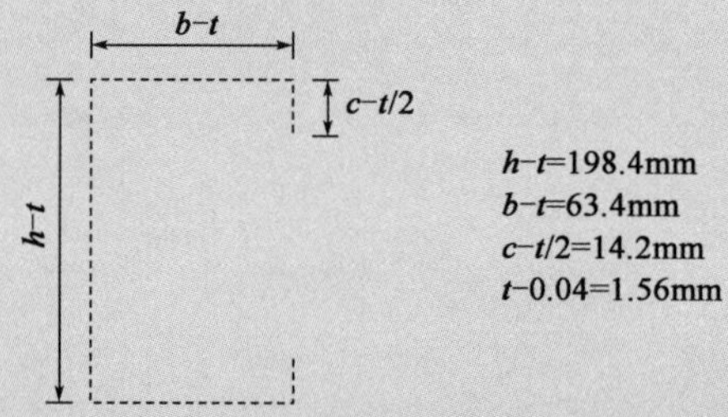

图 13.5　200 ×65 ×1.6mm 卷边槽钢的理想化截面

毛截面特性计算

毛面积:

$A_g = 198.4 \times 1.56 + 2 \times 63.4 \times 1.56 + 2 \times 14.2 \times 1.56 = 551.6mm^2$

对于毛截面,中性轴距腹板中心线的水平距离 $\bar{y}_g$ 为:

$$\bar{y}_g = [2 \times (63.4 \times 1.56) \times 63.4/2 + 2 \times 14.2 \times 1.56 \times 63.4] \times 551.6$$
$$= 16.46mm$$

有效宽度的计算

腹板:

对于受到纯压的内部单元(EN 1993-1-5 表 4.1),$k_\sigma = 4.0$

$\varepsilon = \sqrt{235/f_y} = \sqrt{235/280} = 0.92$

$$\bar{\lambda}_p=\sqrt{\frac{f_y}{\sigma_{cr}}}=\frac{\bar{b}/t}{284\varepsilon\sqrt{k_\sigma}}=\frac{198.4/1.56}{28.4\times0.92\times\sqrt{4.0}}=2.44$$

$$\rho=\frac{\bar{\lambda}_p-0.055(3+\psi)}{\bar{\lambda}_p^2}=\frac{2.44-0.055\times(3+1)}{2.44^2}=0.37$$

$$b_{eff}=\rho\bar{b}=0.37\times198.4=73.87\text{mm}\qquad（腹板）$$

翼缘：

对于受到纯压的内部单元（EN 1993-1-5 表 4.1），$k_\sigma=4.0$

$$\varepsilon=\sqrt{235/f_y}=\sqrt{235/280}=0.92$$

$$\bar{\lambda}_p=\sqrt{\frac{f_y}{\sigma_{cr}}}=\frac{\bar{b}/t}{284\varepsilon\sqrt{k_\sigma}}=\frac{63.4/1.56}{28.4\times0.92\times\sqrt{4.0}}=0.78$$

$$\rho=\frac{\bar{\lambda}_p-0.055(3+\psi)}{\bar{\lambda}_p^2}=\frac{0.78-0.055\times(3+1)}{0.78^2}=0.92$$

$$b_{eff}=\rho\bar{b}=0.92\times63.4=58.31\text{mm}\qquad（翼缘）$$

卷边：

对于受到纯压的外伸单元（EN 1993-1-5 表 4.2），$k_\sigma=0.43$

$$\varepsilon=\sqrt{235/f_y}=\sqrt{235/280}=0.92$$

$$\bar{\lambda}_p=\sqrt{\frac{f_y}{\sigma_{cr}}}=\frac{\bar{b}/t}{284\varepsilon\sqrt{k_\sigma}}=\frac{14.2/1.56}{28.4\times0.92\times\sqrt{4.0}}=0.53$$

$$\rho=\frac{\bar{\lambda}_p-0.188}{\bar{\lambda}_p^2}=\frac{0.53-0.188}{0.53^2}=1.21\qquad（但是\rho\leqslant1）$$

$$b_{eff}=\rho\bar{b}=1.00\times14.2=14.2\text{mm}\qquad（卷边）$$

毛截面和有效截面

毛截面和有效截面如图 13.6 所示。

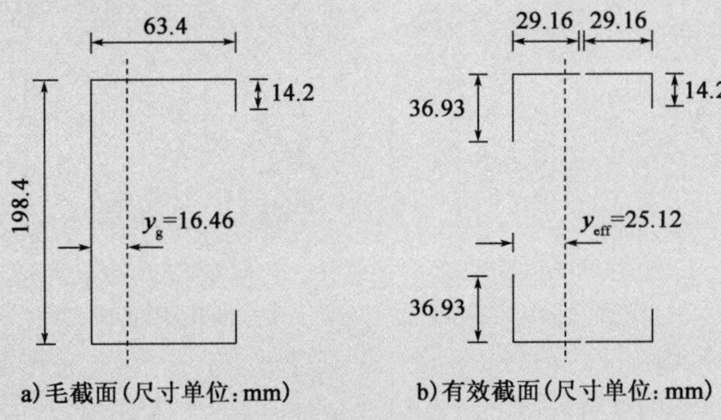

a）毛截面（尺寸单位：mm）　　b）有效截面（尺寸单位：mm）

图 13.6

有效截面特性的计算

有效面积：

$$A_{eff}=73.87\times1.56+2\times58.31\times1.56+2\times14.2\times1.56$$
$$=341.5\text{mm}^2$$

中性轴距有效截面腹板中心线的水平距离:

$$\bar{y}_{eff} = \{[2\times(29.16\times1.56)\times29.16/2] + [2\times(29.16\times1.56)\times(63.4 - 29.16/2)] + [2\times(14.2\times1.56)\times63.4]\}/341.5$$
$$= 25.12\text{mm}$$

毛截面至有效截面的中性轴水平偏移:

$$e_{Ny} = 25.12 - 16.46 = 8.66\text{mm}$$

基于相同的理想化截面,根据 BS 5950 第 5 部分进行计算:有效面积为 367.2mm^2,中性轴水平位移为 7.75mm。

13.6 畸变屈曲

13.6.1 背景

当边缘或中间加劲肋不能防止节点(比如,翼缘和卷边的连接点或中间加劲肋本身所处位置)局部位移时将产生畸变屈曲。对于有加劲边和中间加劲肋的截面,局部屈曲和畸变屈曲模态分别如图 13.7 和图 13.8 所示。

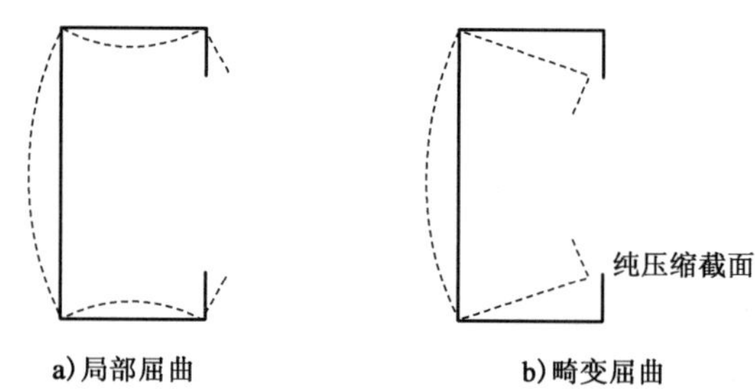

图 13.7 有加劲边截面的局部屈曲和畸变屈曲

图 13.8 有中间加劲肋单元的局部屈曲和畸变屈曲

13.6.2 设计方法概述

EN 1993-1-3 中关于有加劲边或中间加劲肋的受压单元考虑畸变屈曲效应的设计方法将在此描述。该方法基于加劲肋表现为有连续部分约束的受压构件的假设,由线性弹簧表示(弹簧刚度为 K)。弹簧作用点为加劲肋有效截面的质心,如图 13.9 所示。

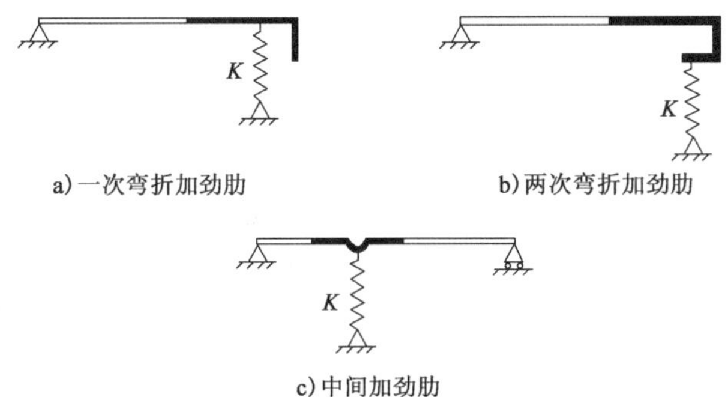

图 13.9　加劲边和中间加劲肋的假设模型

13.6.3　线弹簧刚度 K

线弹簧刚度可以通过单位荷载分析法得出，其中应包括所考虑受压单元的弯曲刚度以及相邻单元提供的转动约束。转动弹簧，位于受压单元的端部，用于体现相邻单元提供的转动约束，其中弹簧转动刚度 C_θ 取决于弯曲刚度和相邻单元边界条件和截面应力分布。

对于卷边 C 形截面、卷边 Z 形截面和中间加劲肋的线弹簧刚度 K，可按下式计算：

■ 对于卷边 C 形和卷边 Z 形截面：

$$K_1 = \frac{Et^3}{4(1-\nu^2)} \frac{1}{b_1^2 h_w + b_1^3 + 0.5 b_1 b_2 h_w k_f} \tag{D13.2}$$

式中：b_1——腹板-翼缘交点至翼缘 1 的加劲边有效截面质心的距离；

b_2——腹板-翼缘交点至翼缘 2 的加劲边有效截面质心的距离；

h_w——腹板高度；

$k_f = A_{eff2}/A_{eff1}$，对于非对称受压；

$k_f = 0$，如果翼缘 2 处于受拉状态；

$k_f = 1$，对于受纯压作用的对称截面；

A_{eff1}——翼缘 1 加劲边截面有效面积；

A_{eff2}——翼缘 2 加劲边截面有效面积。

翼缘 1 为需要计算的翼缘，需确定其线弹簧刚度 K_1，而翼缘 2 为相对侧翼缘。

■ 对于有中间加劲肋的单元（且保守假定没有相邻单元的转动约束）：

$$K = \frac{0.25(b_1 + b_2)Et^3}{(1-\nu^2)b_1^2 b_2^2} \tag{D13.3}$$

式中：b_1——中间加劲肋质心到一侧支撑（腹板-翼缘交点）的距离；

b_2——中间加劲肋质心到另一侧支撑（腹板-翼缘交点）的距离。

13.6.4　设计步骤

考虑畸变屈曲的有效截面设计步骤包含三个步骤：

第一步

第一步是计算局部屈曲的初始有效截面（图 13.10）（例：假设弹簧刚度为无

限大,以致倒角或中间加劲肋的作用可视为节点)。单元中最大压应力 $\sigma_{\mathrm{com,Ed}}$应取$f_{\mathrm{yb}}/\gamma_{\mathrm{M0}}$。

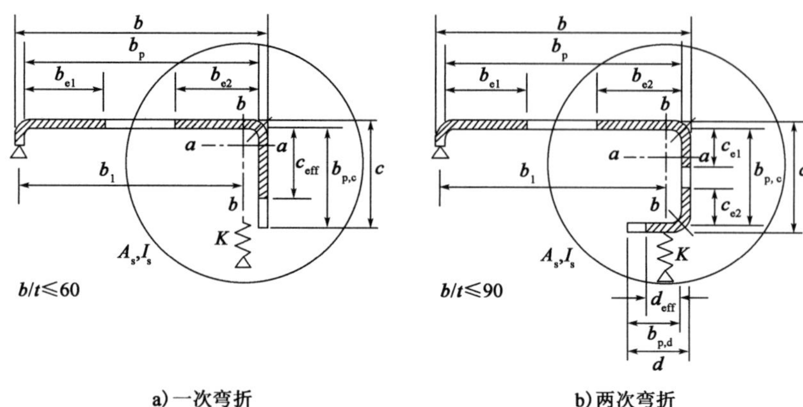

a)一次弯折　　b)两次弯折

图 13.10 有效宽度的初始值

对于双边支撑平面单元初始有效宽度 b_{e1}和 b_{e2}的确定通常应根据EN 1993-1-5进行,如本指南的 6.2.2 中的描述。对于一次弯折加劲肋和两次弯折加劲肋,初始有效宽度的取值方法类似,除了屈服系数 k_σ 应按下列方法取值:

(a)对于一次弯折加劲肋,为确定 c_{eff}的取值

$$k_\sigma = 0.5 \qquad b_{\mathrm{p,c}}/b_{\mathrm{p}} \leqslant 0.35 \tag{D13.4}$$

$$k_\sigma = 0.5 + 0.83 \times \sqrt[3]{[(b_{\mathrm{p,c}}/b_{\mathrm{p}}) - 0.35]^2} \qquad 0.35 \leqslant b_{\mathrm{p,c}}/b_{\mathrm{p}} \leqslant 0.60 \tag{D13.5}$$

(b)对于两次弯折加劲肋,c_{eff}应通过取适用于双边支撑单元的 k_σ 值来确定,且 d_{eff}应通过取适用于外伸单元的 k_σ 值来确定;两种情形 k_σ 的取值均在EN 1993-1-5和本指南的表 6.2 和表 6.3中定义。

第二步

在第二步中,初始加劲边或中间加劲肋截面需要单独考虑。然后计算该截面(允许线性弹簧约束)的弯曲屈曲折减系数,假设加劲肋截面的弯曲屈曲可以代表整个有加劲肋单元的畸变屈曲。

加劲肋截面的弹性屈曲临界应力按下式计算:

$$\sigma_{\mathrm{cr,s}} = \frac{2\sqrt{KEI_{\mathrm{s}}}}{A_{\mathrm{s}}} \tag{D13.6}$$

式中:K——线弹簧刚度,本指南的 13.6.3 节中有讨论;

I_{s}——有效加劲肋截面绕质心轴 a-a 的惯性矩;

A_{s}——有效加劲肋截面的截面面积。

折减系数χ_{d}可以使用无量纲长细比$\overline{\lambda}_{\mathrm{d}}$ 通过式(D13.7)~式(D13.9)计算得出:

$$\chi_{\mathrm{d}} = 1.0 \qquad 对于\ \overline{\lambda}_{\mathrm{d}} \leqslant 0.65 \tag{D13.7}$$

$$\chi_{\mathrm{d}} = 1.47 - 0.723 \qquad 对于\ 0.65 < \overline{\lambda}_{\mathrm{d}} < 1.38 \tag{D13.8}$$

$$\chi_{\mathrm{d}} = 0.66/\overline{\lambda}_{\mathrm{d}} \qquad 对于\ \overline{\lambda}_{\mathrm{d}} \geqslant 1.38 \tag{D13.9}$$

其中：$\overline{\lambda}_d = \sqrt{f_{yb}/\sigma_{cr,s}}$

基于折减系数 χ_d，计算有效加劲肋截面的折减面积。折减面积按下式计算：

$$A_{s,red} = \chi_d A_s \frac{f_{yb}/\gamma_{M0}}{\sigma_{com,Ed}} \quad 但\ A_{s,red} \leqslant A_s \tag{D13.10}$$

折减面积的计算通过均匀折减有效加劲肋截面厚度来实现，由下式计算：

$$t_{red} = t A_{s,red}/A_s \tag{D13.11}$$

第三步

第三步在 EN 1993-1-3 中定义为可选项，但允许通过使用 ρ 的修正值进行迭代计算求得 χ_d 的值，ρ 的修正值通过在每次迭代时令 $\sigma_{com,Ed}$ 等于 $\chi_d f_{yb}/\gamma_{M0}$ 得到。

图 13.11（来自 EN 1993-1-3）中加劲边的计算步骤如算例 13.2 所示。

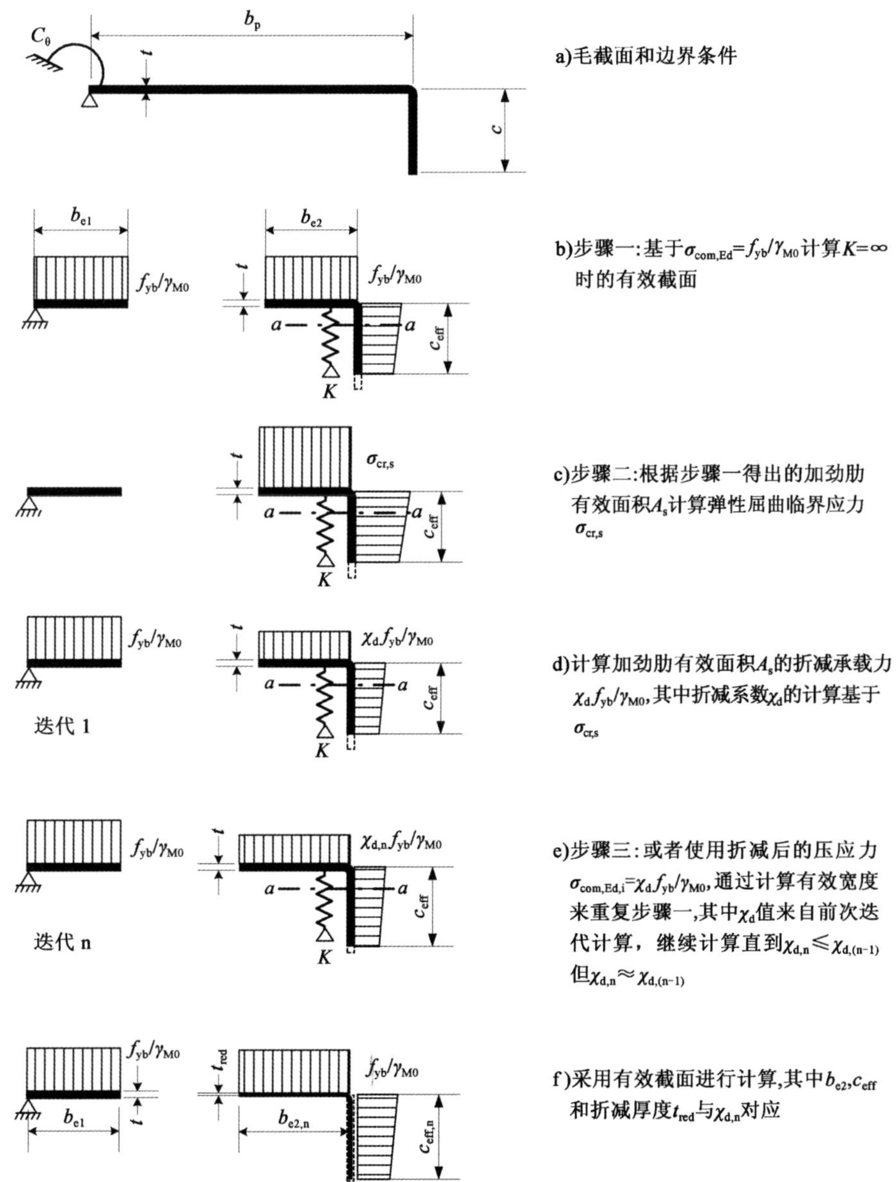

图 13.11　畸变屈曲承载力的设计步骤（来自 EN 1993-1-3）

13.7　扭转与弯扭屈曲

对于使用传统热轧钢截面的典型建筑结构，弯曲屈曲是受压构件的主要屈曲模态。在薄壁结构中，弯曲屈曲也是许多设计案例中的控制因素，但扭转屈曲和弯扭屈曲模态也需要进行验算。EN 1993 第 1-3 部分针对弯曲屈曲的条款本质上与第 1-1 部分相同，尽管两者讨论的截面类型不同，如表 13.2 所示。

摘自 EN 1993-1-3 的屈曲曲线　　表 13.2

截面类型		屈曲轴	屈曲曲线
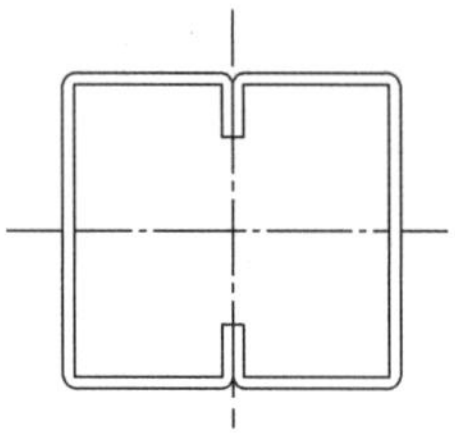	若 f_{yb} 可用*	任何	b
	若 f_{yb} 可用*	任何	c
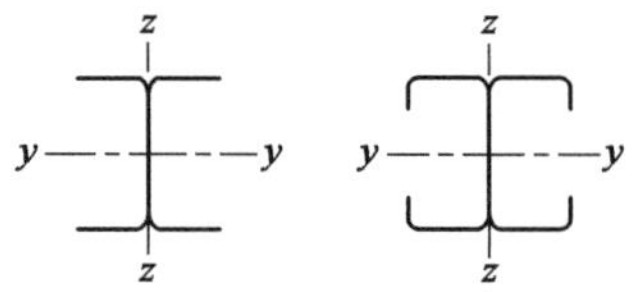 z; y—y; z　z; y—y; z		y-y	a b
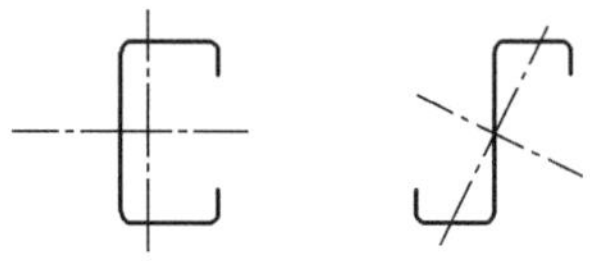		z-z	b
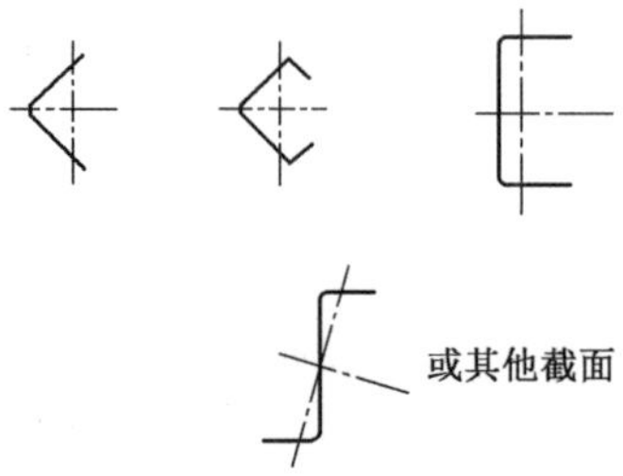 或其他截面		任何	c
* 不应使用平均屈服强度 f_{ya}，除非 $A_{eff} = A_g$。			

扭转屈曲是截面受到纯扭，仅仅发生在点对称和扭转刚度较小的同心加载支柱（比如十字形截面）上。弯扭屈曲通常更多地发生在截面质心与剪切中心不重合（例如槽形截面）的单对称截面支柱同心加载的情况下。

算例 13.2　畸变屈曲截面承载力

本例阐明了 EN 1993-1-3 中关于局部屈曲和畸变屈曲的截面承载力计算方法。本例基于与算例 13.1 中相同的 200 × 65 × 1.6mm 卷边槽钢截面，其中局部屈曲的有效截面特性已确定。因此，理想化截面和毛截面特性已在算例 13.1 中计算得到。

毛截面特性

$A_g = 551.6\text{mm}^2 \qquad \bar{y}_g = 16.46\text{mm}$

如上所述，Eurocode 中计算方法包含三个步骤，本算例将按照该步骤进行计算。

第一步：初始有效截面计算

对于腹板和翼缘，初始有效截面计算如算例 13.1 中局部屈曲的计算方法。

腹板：

$b_{eff} = 73.9\text{mm}$

翼缘：

$b_{eff} = 58.3\text{mm}$

对于卷边（一次弯折加劲肋），屈曲系数 k_σ 的值由式（D13.4）或式（D13.5）计算：

$b_{p,c}/b_p = 14.2/63.4 = 0.22 \qquad (\leqslant 0.35)$

$\therefore \quad k_\sigma = 0.5$

$\varepsilon = \sqrt{235/f_y} = \sqrt{235/280} = 0.92$

$$\bar{\lambda}_p = \sqrt{\frac{f_y}{\sigma_{cr}}} = \frac{\bar{b}/t}{28.4\varepsilon\sqrt{k_\sigma}} = \frac{14.2/1.56}{28.4 \times 0.92 \times \sqrt{0.50}} = 0.49$$

$$\rho = \frac{\bar{\lambda}_p - 0.188}{\bar{\lambda}_p^2} = \frac{0.49 - 0.188}{0.49^2} = 1.25 \qquad (\text{但是 } \rho \leqslant 1)$$

卷边：

$b_{eff} = \rho\bar{b} = 1.00 \times 14.2 = 14.2\text{mm}$

因此初始有效截面和算例 13.1 中给出的局部屈曲有效截面相同（参见图 13.6）。

第二步：有效加劲边截面的折减厚度计算

现在将要单独考虑图 13.12 中有效加劲边截面，用于确定畸变屈曲承载力。

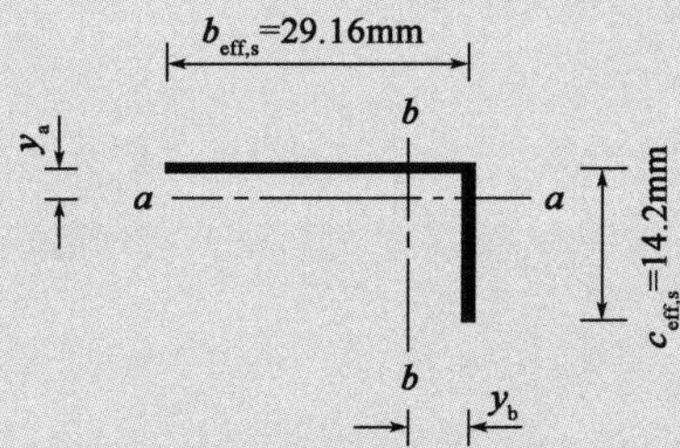

图 13.12　有效加劲边截面

有效加劲边截面几何特性的计算

（符号定义见本指南的图 13.12、13.6.3 和 13.6.4）

$y_a = (14.2 \times 1.56 \times 14.2/2)/[(29.16 + 14.2) \times 1.56] = 2.3\text{mm}$

$y_b = (29.16 \times 1.56 \times 29.16/2)/[(29.16 + 14.2) \times 1.56] = 9.8\text{mm}$

$A_s = (29.16 + 14.2) \times 1.56 = 67.6\text{mm}^2$

$I_s = (29.16 \times 1.56^3)/12 + (1.56 \times 14.2^3)/12 + (29.16 \times 1.56 \times 2.3^2) +$

$[14.2 \times 1.56 \times (14.2/2 - 2.3)^2]$

$= 11324\text{mm}^4$

线弹簧刚度 *K* 的计算

由式(D13.2)可知:

$$K_1 = \frac{Et^3}{4(1-\nu^2)} \quad \frac{1}{b_1^2 h_w + b_1^3 + 0.5 b_1 b_2 h_w k_f}$$

$b_1 = b_2 = 63.4 - 9.8 = 53.6\text{mm}$

对于受到纯压的对称截面,$k_f = 1.0$

$\nu = 0.3$

$h_w = 198.4\text{mm}$

$\therefore \quad K_1 = 0.22\text{N/mm}$(单位长度)

有效加劲肋截面的弹性屈曲临界应力

由式(D13.6)可知:

$$\sigma_{\sigma,s} = \frac{2\sqrt{KEI_s}}{A_s} = \frac{2\sqrt{0.22 \times 210000 \times 1132.5}}{67.6} = 212\text{N/mm}^2$$

畸变屈曲折减系数 χ_d

无量纲长细比:

$\bar{\lambda}_d = \sqrt{f_{yb}/\sigma_{cr,s}} = \sqrt{280/212} = 1.15$

$\therefore \quad 0.65 < \bar{\lambda}_d < 1.38$

所以,由式(D13.8)可知:

$\chi_d = 1.47 - 0.723\bar{\lambda}_d = 0.64$

有效加劲肋截面的折减面积(厚度)

$$A_{s,red} = \chi_d A_s \frac{f_{yb}/\gamma_{M0}}{\sigma_{com,Ed}} = 0.64 \times 67.6 \times \frac{280/1.0}{280} = 43.3\text{mm}^2$$

$\therefore \quad t_{red} = tA_{s,red}/A_s = 1.56 \times 43.3/67.6 = 1.00\text{mm}$

畸变屈曲有效截面特性的计算

$A_{eff} = 73.87 \times 1.56 + 2 \times 29.16 \times 1.56 + 2 \times (29.16 + 14.2) \times 1.00$

$= 292.8\text{mm}^2$(与仅局部屈曲的 341.5mm^2 相比)

中性轴距有效截面腹板中心线的水平距离:

$$\bar{y}_{eff} = [2 \times (29.16 \times 1.56) \times 29.16/2 + 2 \times (29.16 \times 1.00) \times (63.4 - 29.16/2) + 2 \times (14.2 \times 1.00) \times 63.4]/292.8 = 20.38\text{mm}$$

毛截面至有效截面的中性轴水平位移：

$e_{Ny} = 20.38 - 16.46 = 3.92\text{mm}$

第三步：选择性迭代

通过使用ρ的修正值进行迭代计算求得χ_d的值，ρ的修正值通过在第一步的每次迭代时令$\sigma_{com,Ed}$等于$\chi_d f_{yb}/\gamma_{M0}$得到。接下来的步骤如本算例中所示。

因此考虑畸变屈曲时截面的抗压承载力按下式计算：

$N_{c,Rd} = A_{eff} f_{yb} = 292.8 \times 280 \times 10 - 3 = 82.0\text{kN}$

然而，中性轴的偏移为 3.92mm（从毛截面质心至有效截面质心），因此截面应进行轴向受压和受弯的加载组合验算，其中弯矩应当等于加载轴力乘以中心轴偏移量。

无论构件是何种屈曲模态（弯曲屈曲、扭转屈曲或弯扭屈曲），通用的屈曲曲线公式和确定构件抗力的方法是相同的。唯一的区别在于弹性屈曲临界力的计算，弹性屈曲临界力尤其与屈曲模态有关，以及用于定义$\bar{\lambda}$。

1 类、2 类和 3 类截面的无量纲长细比由式（D13.12）定义，4 类截面由式（D13.13）定义；下标 T 添加到$\bar{\lambda}$，以表示屈曲模态包含扭转分量：

对于 1 类、2 类和 3 类截面　$\bar{\lambda} = \bar{\lambda}_T = \sqrt{\dfrac{Af_y}{N_{cr}}}$　（D13.12）

对于 4 类截面　$\bar{\lambda} = \bar{\lambda}_T = \sqrt{\dfrac{A_{eff} f_y}{N_{cr}}}$　（D13.13）

其中，对于扭转屈曲和弯扭屈曲：

$N_{cr} = N_{cr,TF}$，但 $N_{cr} \leq N_{cr,T}$

式中：$N_{cr,TF}$——弹性弯扭屈曲临界力；

$N_{cr,T}$——弹性扭转屈曲临界力。

关于 y-y 轴中心对称截面（例 $z_0 = 0$）的扭转屈曲和弯扭屈曲的弹性屈曲临界力，分别由式（D13.14）和式（D13.15）给出：

$$N_{cr,T} = \frac{1}{i_0^2}\left(GI_t + \frac{\pi^2 EI_w}{l_T^2}\right) \quad \text{(D13.14)}$$

式中：$i_0^2 = i_y^2 + i_z^2 + y_0^2 + z_0^2$；

G——剪切模量；

I_t——毛截面的扭转常数；

I_w——毛截面的翘曲常数;

i_y——绕 y-y 轴的毛截面回转半径;

i_z——绕 z-z 轴的毛截面回转半径;

l_T——构件扭转屈曲的屈曲长度;

y_0——沿 y 轴从剪切中心至毛截面质心的距离;

z_0——沿 z 轴从剪切中心至毛截面质心的距离。

$$N_{ct,TF} = \frac{N_{cr,y}}{2\beta}\left[1 + \frac{N_{cr,T}}{N_{cr,y}} - \sqrt{\left(1 - \frac{N_{cr,T}}{N_{cr,y}}\right)^2 + 4\left(\frac{y_0}{i_0}\right)^2 \frac{N_{cr,T}}{N_{cr,y}}}\right] \qquad (D13.15)$$

式中:$\beta = 1 - \left(\frac{y_0}{i_0}\right)^2$;

$N_{cr,y}$——关于 y-y 轴弯曲屈曲的临界力。

EN 1993-1-3 提供了不同扭转角度和翘曲约束的构件屈曲长度的指南。其规定对于每个端部的实际连接情形,l_T/L_T(有效屈曲长度除以实际长度)应按下列方法取值:

1.0 表示对扭转和翘曲有部分约束的连接(图 13.13a)。

0.7 表示对扭转和翘曲有显著约束的连接(图 13.13b)。

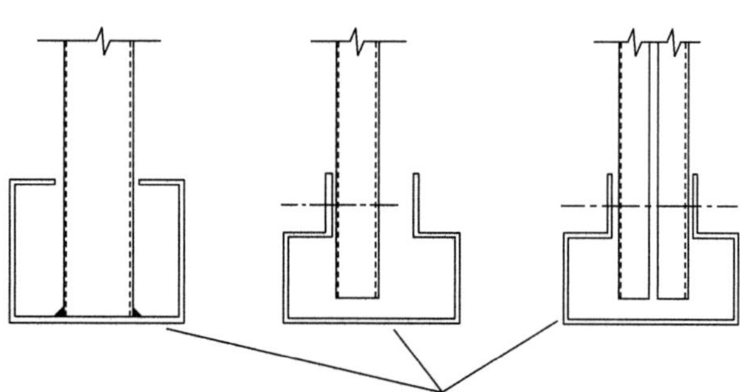

a)部分扭转和翘曲约束的实际连接

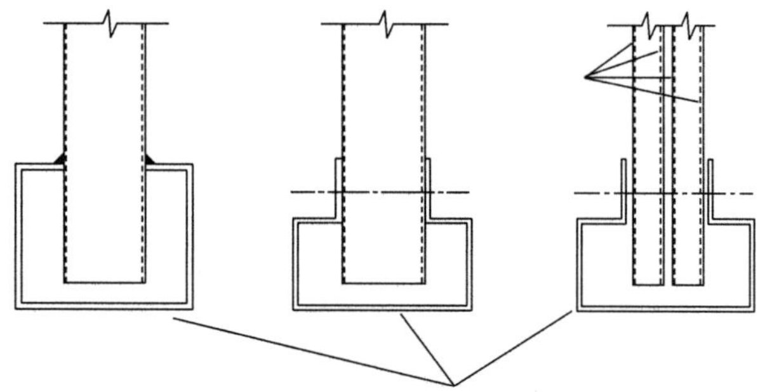

b)显著扭转和翘曲约束的实际连接

图　13.13

算例 13.3 受压构件承载力(弯曲、扭转和弯扭屈曲的验算)

计算 100×50×3 普通槽形截面柱的受压构件承载力。柱长度为 1.5m,端部铰接,因此假设有效长度等于实际长度。钢材名义屈服强度 f_y 为 280N/mm^2,弹性模量为 210000N/mm^2,剪切模量为 81000N/mm^2。本算例中不考虑镀锌层的影响。

由截面表(Gorgolewski 等, 2001),可得到下列详细(定义如上)参数:

$A = 5.55\text{cm}^2$ $\quad i_y = 3.92\text{cm}$ $\quad I_t = 0.1621\text{cm}^4$

$A_{eff} = 5.49\text{cm}^2$ $\quad i_z = 1.57\text{cm}$ $\quad I_w = 210\text{cm}^6$

$I_y = 85.41\text{cm}^4$ $\quad W_{el,y} = 17.09\text{cm}^3$ $\quad y_0 = 3.01\text{cm}$

$I_z = 13.76\text{cm}^4$ $\quad W_{el,z} = 3.83\text{cm}^3$

计算临界屈曲荷载

绕强轴(y-y 轴)的受弯屈曲:

$$N_{cr,y} = \frac{\pi^2 EI_y}{L_{cr}^2} = \frac{\pi^2 \times 210000 \times 85.41 \times 10^4}{1500^2} = 787 \times 10^3\text{N} = 787\text{kN}$$

绕弱轴(z-z 轴)的受弯屈曲:

$$N_{cr,z} = \frac{\pi^2 EI_z}{L_{cr}^2} = \frac{\pi^2 \times 210000 \times 13.76 \times 10^4}{1500^2} = 127 \times 10^3\text{N} = 127\text{kN}$$

扭转屈曲:

$$N_{cr,T} = \frac{1}{i_0^2}\left(GI_t + \frac{\pi^2 EI_w}{l_T^2}\right) \tag{D13.14}$$

$$i_0^2 = i_y^2 + i_z^2 + y_0^2 + z_0^2 = 39.2^2 + 15.7^2 + 30.1^2 = 2689\text{mm}^2$$

$$\therefore \quad N_{cr,T} = \frac{1}{2689}\left(81000 \times 0.1621 \times 10^4 + \frac{\pi^2 \times 210000 \times 210 \times 10^6}{1500^2}\right)$$

$$= 121 \times 10^3\text{N} = 121\text{kN}$$

弯扭屈曲:

$$N_{ct,TF} = \frac{N_{cr,y}}{2\beta}\left(1 + \frac{N_{cr,T}}{N_{cr,y}} - \sqrt{\left(1 - \frac{N_{cr,T}}{N_{cr,y}}\right)^2 + 4\left(\frac{y_0}{i_0}\right)^2 \frac{N_{cr,T}}{N_{cr,y}}}\right) \tag{D13.15}$$

$$\beta = 1 - \left(\frac{y_0}{i_0}\right)^2 = 1 - \left(\frac{30.1}{51.9}\right)^2 = 0.66$$

$$N_{ct,TF} = \frac{787 \times 10^3}{2 \times 0.66}\left[1 + \frac{121 \times 10^3}{787 \times 10^3} - \sqrt{\left(1 - \frac{121 \times 10^3}{787 \times 10^3}\right)^2 + 4 \times \left(\frac{30.1}{51.9}\right)^2 \times \frac{121 \times 10^3}{787 \times 10^3}}\right]$$

$$= 114 \times 10^3\text{N} = 144\text{kN}$$

因此,弯扭屈曲是控制因素($N_{cr} = 114\text{kN}$)。

构件屈曲承载力

对于 4 类截面，$$N_{b,Rd}=\frac{\chi A_{eff}f_y}{\gamma_{M1}} \tag{6.47}$$

$$\chi=\frac{1}{\Phi+\sqrt{\Phi^2-\lambda^2}}\quad 但\chi\leqslant 1.0 \tag{6.49}$$

其中

$\Phi=0.5[1+\alpha(\bar{\lambda}-0.2)+\bar{\lambda}^2]$

对于 4 类截面，$\bar{\lambda}=\sqrt{\frac{A_{eff}f_y}{N_{cr}}}$

无量纲长细比(对于弯扭屈曲模态)

$\therefore\quad \bar{\lambda}\sqrt{\frac{549\times 280}{114\times 10^3}}=1.16$

屈曲曲线和缺陷系数α的选择

对于冷成型普通槽形截面，使用屈曲曲线 c(参见表 13.2)。

对于屈曲曲线 c，$\alpha=0.49$(见表 6.4(EN 1993-1-1 的*表6.1*))

屈曲曲线

$\Phi=0.5\times[1+0.49\times(1.16-0.2)+1.16^2]=1.41$

$\chi=\frac{1}{1.41+\sqrt{1.41^2-1.16^2}}=0.45$

$N_{b,Rd}=\frac{0.45\times 549\times 280}{1.0}=69.2\times 10^3\text{N}=69.2\text{kN}$

100×50×3 普通槽形截面的构件抗力(由弯扭屈曲控制)为 69.2kN。

13.8　剪力滞后

除非声明剪力滞后应按 EN 1993-1-5 考虑之外，EN 1993-1-3 中没有给出剪力滞后效应的指南。本指南 6.2.2 给出 EN 1993-1-5 中关于剪力滞后规定的介绍。

13.9　翼缘挠曲

EN 1993-1-3 规定，当挠曲超过截面高度的 5% 时，应考虑翼缘挠曲对截面承载力的影响。对于初始状态为平直的梁，式(D13.16)适用于受压或受拉翼缘，有或没有加劲肋的情况，见 EN 1993-1-3 条款 5.4。对于拱形梁，曲率的存在导致翼缘上水平方向分力更大，式(D13.17)给出：

$$u=2\frac{\sigma_a^2}{E^2}\frac{b_s^4}{t^2z} \tag{D13.16}$$

$$u=2\frac{\sigma_a^2}{E}\frac{b_s^4}{t^2r} \tag{D13.17}$$

式中：u——翼缘挠曲（朝向中性轴）；

b_s——箱形或帽形截面腹板之间距离的一半，或是从腹板伸出的部分翼缘宽度；

t——翼缘厚度；

z——所考虑翼缘到中性轴的距离；

r——拱形梁的曲率半径；

σ_a——翼缘的平均应力。

如果是通过有效截面计算得到的应力，则可将有效横截面的应力乘以翼缘有效面积对翼缘毛面积之比来得到平均应力。

如果发现翼缘挠曲超过截面高度 5%，则应对承载能力进行折减，例如对截面高度的有效折减或对可能产生弯曲腹板的有效折减。

13.10　腹板压溃、折曲与屈曲

横向受力的细长腹板，通常为普通冷成型截面，容易产生多种形式的破坏，包括腹板压溃、折曲和屈曲。腹板压溃的过程涉及与翼缘直接相邻的腹板材料的屈服。腹板撕裂描述了一种破坏形式，位于横向受力翼缘下部的腹板局部屈曲，同时伴随着腹板压溃和翼缘塑性变形。横向受力的腹板也可以因为腹板整体屈曲而破坏，此时腹板起到支撑的作用。这种形式的破坏要求横向荷载由受力翼缘穿过腹板到另一侧翼缘形成反力。

腹板横向抗力 R_w，R_d 的计算过程涉及截面分类和确定一系列与截面特性相关的常数和荷载加载细节。本指南定义了三种类型：只有一个未加劲腹板的截面；有两个或多个未加劲腹板的截面或薄板；加劲腹板。腹板抗力由一系列公式确定，公式选择原则上基于荷载的位置和性质以及反力，包括荷载的集中程度或自由端的反力。

本章参考文献

Gorgolewski MT, Grubb PJ and Lawson RM (2001) *Modular Construction Using Light Steel Framing*. Steel Construction Institute, Ascot, P302.

Grubb PJ, Gorgolewski MT and Lawson RM (2001) *Building Design Using Cold Formed Steel Sections*. Steel Construction Institute, Ascot, P301.

Rhodes J and Lawson RM (1992) *Design of Structures Using Cold Formed Steel Sections*. Steel Construction Institute, Ascot, P089.

第 14 章 作用和作用组合

14.1 简介

如本指南第 1 章所述,EN 1993-1-1 不是钢结构设计的独立文件,而是提供了钢结构特有的规则。例如,作用(或荷载)和作用组合(自重除外)与结构材料基本无关,因此包含在其他地方。

本章简要回顾了 EN 1990 和部分 EN 1991 中提供的与钢结构作用和作用组合有关的指导。

EN 1990 的基本要求规定结构应具有适当的结构抗力(承载能力极限状态),适用性(正常使用极限状态),耐久性,抗火能力和稳固性。对于承载能力极限状态,应进行如下相关验算:

- EQU 静力平衡极限状态——结构或结构任何部分的静力平衡缺失。
- STR 强度极限状态——结构或结构构件的内部破坏或过度变形。
- GEO 土工极限状态——地基的破坏或过度变形。
- FAT 疲劳极限状态——结构或结构构件的疲劳破坏。

EN 1990 在第 3 章也强调了所有的相关设计状况必须进行验算,它规定:"选择的设计状况应严谨和全面,以包括所有可合理预见的发生在结构施工和使用期间的情况。"

设计状况划分为如下几类:

- 持久设计状况,指的是正常使用条件。
- 短暂设计状况,指的是临时使用条件,比如施工或者检修。
- 偶然设计状况,指异常条件,比如火灾、爆炸或冲击。
- 地震设计状况,指结构遭遇地震作用的条件。

14.2 作用

在 EN 1990 中,作用按照其随时间的变化状况分为永久、可变和偶然作用。永久作用(G)是指基本上不随时间变化的作用,例如结构自重和固定设备;这些在英国标准中被称为恒荷载。可变作用(Q)是指那些随时间变化的作用,比如外加荷载、风荷载和雪荷载;这些在英国标准中被称为活荷载。偶然作用(A)通常是持续时间短暂但强度很大的作用,比如爆炸和冲击。如 EN 1990 条款 4.1.1 所述,作用也可以按照其来源、空间变化和本质进行分类。通过随时间变化的分类对于作用组合的建立非常重要,而其他分类对于作用代表值的评估是必要的。

结构上的作用可参照 EN 1991 中对应的部分确定,即《Eurocode 1:结构上的作用》和他们各自的英国国家附件。EN 1991 包含下列分册:

- 第 1-1 部分:一般作用——房屋建筑的密度、自重和外加荷载
- 第 1-2 部分:一般作用——对受火结构的作用
- 第 1-3 部分:一般作用——雪荷载
- 第 1-4 部分:一般作用——风荷载
- 第 1-5 部分:一般作用——温度作用
- 第 1-6 部分:一般作用——施工荷载
- 第 1-7 部分:一般作用——偶然作用

14.3 基本作用组合

14.3.1 一般规定

EN 1990 条款 6.4.3.2 对承载能力极限状态的基本作用组合(荷载组合)的确定提供了两种选项。"基本"是指持久或短暂设计状况,而不是偶然或地震设计状况。第一种选项是由式(D14.1)即 EN 1990 的式(6.10)给出,这一方程必须用来验算结构作为刚体的整体平衡(例:静力平衡极限状态(EQU)),也可用于强度极限状态(STR)和土工极限状态(GEO)。

$$\sum_{j\geqslant1}\gamma_{G,j}G_{k,j}\text{“}+\text{”}\gamma_P P\text{“}+\text{”}\gamma_{Q,1}Q_{k,1}\text{“}+\text{”}\sum_{i\geqslant1}\gamma_{Q,j}\psi_{0,j}Q_{k,j} \qquad \text{(D14.1)}$$

第二种选项,可用于强度极限状态(STR)和土工极限状态(GEO),是根据以下两个表达式中更不利的荷载组合定义的,这两个公式对应 EN 1990 的式(6.10a)和式(6.10b)。

$$\sum_{j\geqslant1}\gamma_{G,j}G_{k,j}\text{“}+\text{”}\gamma_P P\text{“}+\text{”}\gamma_{Q,1}\psi_{0,1}Q_{k,1}\text{“}+\text{”}\sum_{i\geqslant1}\gamma_{Q,i}\psi_{0,i}Q_{k,j} \qquad \text{(D14.2a)}$$

$$\sum_{j\geqslant1}\xi_j\gamma_{G,j}G_{k,j}\text{“}+\text{”}\gamma_P P\text{“}+\text{”}\gamma_{Q,1}Q_{k,1}\text{“}+\text{”}\sum_{i\geqslant1}\gamma_{Q,j}\psi_{0,j}Q_{k,j} \qquad \text{(D14.2b)}$$

式中:"+"——"与……组合"的效应;

ψ_0——组合系数,讨论如下;

ξ——不利永久作用 G 的折减系数,讨论如下;

γ_G——永久作用的分项系数;

γ_Q——可变作用的分项系数;

P——由于预应力产生的作用。

组合系数 ψ_0 是 EN 1990 中使用的三种 ψ 系数(ψ_0、ψ_1和 ψ_2)之一。系数 ψ 的目的是修正可变作用的标准值,从而给出不同状况的代表值。组合系数 ψ_0 是给出考虑两种或多种可变作用同时发生的可能性的折减,因而在式(D14.1)、式(14.2a)和式(D14.2b)中都出现。系数 ψ 在 EN 1990 条款 4.1.3 中讨论。

ξ 出现在式(D14.2b)(EN 1990 的式(6.10b))中,是不利永久作用 G 的折减

系数。系数 ξ 在 EN 1990 的英国国家附件中设定为 0.925。

忽略预应力的作用,在传统钢结构中通常不会存在,每个组合公式包含:

- 永久作用 $G_{k,j}$。
- 主导可变作用 $Q_{k,1}$。
- 其他可变作用 $Q_{k,i}$。

一般来说,除非明显不是关键组合,每个可变作用均应依次按照主导可变作用考虑。EN 1990 的条款 6.1(2)规定作用不可能同时发生,比如因为物理原因,不应在组合中一起考虑。

对于任何给定的作用组合中,单独作用可被视为"不利"或"有利",取决于它们导致结构构件中的力和弯矩的增加或减小,或者在整体平衡方面是否不稳定或稳定。对于强度极限状态(STR)组合,不利作用通常会导致最不利状况,但情况并非总是如此;比如,当风荷载为顶升状况时,可能会出现最不利的状况,这时永久荷载和外加荷载都应被当成有利的。对于对结构不同部分的永久作用大小变化敏感的结构,EN 1990 的条款 6.4.3.1(4)规定,当作用是不利情形时,应当使用永久作用上限标准值 $G_{kj,sup}$,当作用是有利情形时,应当使用永久作用下限标准值 $G_{kj,inf}$。永久作用的上限和下限标准值可按 Gulvanessian 等(2002)描述的方法确定。

对于正常使用极限状态,EN 1990 条款 6.5.3 和条款 A1.4 提供了关于作用组合的指导。更详细的信息请参阅 EN 1993-1-1 的英国国家附件,而对指导的进一步解释可以参阅本指南的第 7 章和其他文献(Gulvanessian 等, 2002)。

14.3.2 建筑

EN 1990 附录 A1 中给出确立建筑结构作用组合的方法。为了简化建筑设计,EN 1990 条款 A.1.2.1(1)的注释 1 允许作用组合可基于不超过两种可变作用。这种简化方法仅适用于建筑结构的常见情况。

表 14.1 给出了建筑的系数 ψ 推荐值,即英国国家附件表 NA.A1.1,该表取代了 EN 1990 的表 A1.1。对于承载能力极限状态下的荷载组合,ψ_0 是重要系数。英国国家附件的表 NA.A1.1 与 EN 1990 的表 A1.1 之间的差异与风荷载和屋面荷载有关。对于风荷载,英国国家附件中的 ψ_0 为 0.5,而 EN 1990 为 0.6;而对于屋面荷载,英国国家附件中的值为 0.7,取代 EN 1990 中的 0.0。

对于承载能力极限状态,表 14.2(A)~(C)(EN 1990 的英国国家附件的表 NA.12(A)~(C))给出持久和短暂设计状况下的作用设计值。表 14.2(A)提供了验证建筑结构静态平衡(静力平衡极限状态(EQU))的作用设计值。表 14.2(B)提供了验证建筑的结构构件(强度极限状态(STR))的作用设计值,但不包含岩土作用。对于包含岩土作用(土工极限状态(GEO))的结构构件设计(强度极限状态(STR)),条款 A1.3.1(5)概述了三种方法,并应参考表 14.2(B)和表 14.2(C)。

尽管,在原则上,所有可能的作用组合都应该考虑,通常将 EN 1990 中式(6.10)或式(6.10a)和式(6.10b)一起应用,对于普通建筑结构,缩小到只有几种关键组合会控制强度极限状态(STR)和承载能力极限状态(ULS)设计。这些关键组合对于式(6.10)见表14.3,对于式(6.10a)和式(6.10b)见表14.4。注意一点,与式(6.10a)和式(6.10b)不同,除非永久作用在整体荷载中占比非常高,式(6.10a)不太可能会成为控制因素。还要注意,设计人员可以选择式(6.10)或式(6.10a)和式(6.10b)来推导荷载组合,通常会寻求更经济的选择——使用式(6.10a)和式(6.10b)总是能得到比使用式(6.10)更具有竞争力的结果,主要是因为式(6.10b)中的恒荷载折减系数 ξ。

针对建筑物系数 ψ 的值　　表 14.1

作　用	ψ_0	ψ_1	ψ_2
建筑物的外加荷载种类(参见 EN 1991-1-1):			
种类 A:居民区	0.7	0.5	0.3
种类 B:办公区	0.7	0.5	0.3
种类 C:集会区	0.7	0.7	0.6
种类 D:购物区	0.7	0.7	0.6
种类 E:存储区	1.0	0.9	0.8
种类 F:交通区,车辆重量≤30kN	0.7	0.7	0.6
种类 G:交通区,30kN < 车辆重量≤160kN	0.7	0.5	0.3
种类 H:屋面[a]	0.7	0	0
建筑上的雪荷载(见 EN 1991-1-3):			
— 位于海拔 $H>1000$m 的场地	0.70	0.50	0.20
— 位于海拔 $H\leq1000$m 的场地	0.50	0.20	0
建筑上的风荷载(见 EN 1991-1-4)	0.5	0.2	0
建筑上的温度作用(非火灾)(见 EN 1991-1-5)	0.6	0.5	0

[a] 还可参见 EN 1991-1-1 的 3.3.2(1)。

作用的设计值(EQU)(A 组)　　表 14.2(A)

持久和短暂设计状况	永久作用		主导可变作用[a]	伴随可变作用	
	不利	有利		主要(如果有)	其他
式(6.10)	$1.10G_{k,j,sup}$	$0.90G_{k,j,inf}$	$1.5Q_{k,1}$ (有利时取 0)		$1.5\psi_{0,i}Q_{k,i}$ (有利时取 0)

[a]可变作用见表 NA. A1.1。

在静力平衡验算也包含结构构件抗力的情况下,宜基于表 NA. A1.2(A)进行组合验算,并采用下面的一组值,以作为表 NA. A1.2(A)和表 A1.2(B)中两种单独验算的备选方法;

$\gamma_{G,j,sup}=1.35$;

$\gamma_{G,j,inf}=1.15$;

$\gamma_{Q,1}=1.50$ 不利时(有利时取 0);

$\gamma_{Q,i}=1.50$ 不利时(有利时取 0)。

前提是对永久作用的不利部分和有利部分都采用 $\gamma_{G,j,inf}=1.00$ 不会得出一个更不利的效应。

作用的设计值(STR/GEO)(B 组) 表 14.2(B)

持久和短暂设计状况	永久作用		主导可变作用	伴随可变作用[a]		持久和短暂设计状况	永久作用		主导可变作用	伴随可变作用[a]	
	不利	有利		主要(如果有)	其他		不利	有利		主要	其他
式(6.10)	$1.35G_{k,j,sup}$	$1.00G_{k,j,inf}$	$1.5Q_{k,1}$		$1.5\psi_{0,1}Q_{k,i}$	式(6.10a)	$1.35G_{k,j,sup}$	$1.00G_{k,j,inf}$		$1.5\psi_{0,1}Q_{k,1}$	$1.5\psi_{0,1}Q_{k,i}$
						式(6.10b)	$0.925\times 1.35G_{k,j,sup}$	$1.00G_{k,j,inf}$	$1.5Q_{k,1}$		$1.5\psi_{0,1}Q_{k,i}$

注 1:可按需要选用式(6.10),或式(6.10a)与式(6.10b)一起使用。

注 2:同一来源的所有永久作用的标准值,在总作用效应不利时乘以 $\gamma_{G,j,sup}$,有利时乘以 $\gamma_{G,j,inf}$。例如,结构自重引起的所有作用可以认为是同一来源(包含不同材料时同样适用)。

注 3:对于特殊验算,γ_G 和 γ_Q 的值可细分为 γ_g、γ_q 和模型不确定性系数 γ_{Sd}。γ_{Sd} 取值范围通常情况下为 1.05 ~ 1.15,而且在国家附件中可以修改。

注 4:当可变作用有利时,Q_k 宜取为 0。

[a] 可变作用见表 NA. A1.1。

作用的设计值(STR/GEO)(C 组)　　　表 14.2(C)

持久和短暂设计状况	永久作用		主导可变作用[a]	伴随可变作用[a]	
	不利	有利		主要(如果有)	其他
式(6.10)	$1.0G_{k,j,sup}$	$1.0G_{k,j,inf}$	$1.3Q_{k,1}$ (有利时取 0)		$1.3\psi_{0,i}Q_{k,i}$ (有利时取 0)

[a] 可变作用见表 NA. A1.1。

使用 EN 1990 中式(6.10)的典型强度极限状态(STR)作用组合　表 14.3

组　合	荷载系数 γ		
	永久作用 γ_G	外加荷载 γ_Q	风荷载 γ_Q
永久作用 + 外加荷载	1.35	1.5	—
永久作用 + 风荷载(向上)	1.0	—	1.5
永久作用 + 外加荷载 + 风荷载(外加荷载起主导作用)	1.35	1.5	0.75
永久作用 + 外加荷载 + 风荷载(风荷载起主导作用)	1.35	1.05	1.5

使用 EN 1990 中式(6.10a)和式(6.10b)的典型强度极限状态(STR)作用组合　表 14.4

	荷载系数 γ		
	永久作用 γ_Q	外加荷载 γ_Q	风荷载 γ_Q
永久作用 + 外加荷载:式(6.10a)	1.35	1.5	—
永久作用 + 外加荷载 + 风荷载:式(6.10a)	1.35	1.05	0.75
永久作用 + 外加荷载:式(6.10b)	1.25	1.5	—
永外作用 + 风荷载(向上):式(6.10b)	1.0	—	1.5
永久作用 + 外加荷载 + 风荷载(外加荷载起主导作用):式(6.10b)	1.25	1.5	0.75
永久作用 + 外加荷载 + 风荷载(风荷载起主导作用):式(6.10b)	1.25	0.75	1.5

本章参考文献

Gulvanessian H, Calgaro J-A and Holický M (2002) *Designers' Guide to EN 1990, Eurocode: Basis of Structural Design*. Thomas Telford, London.